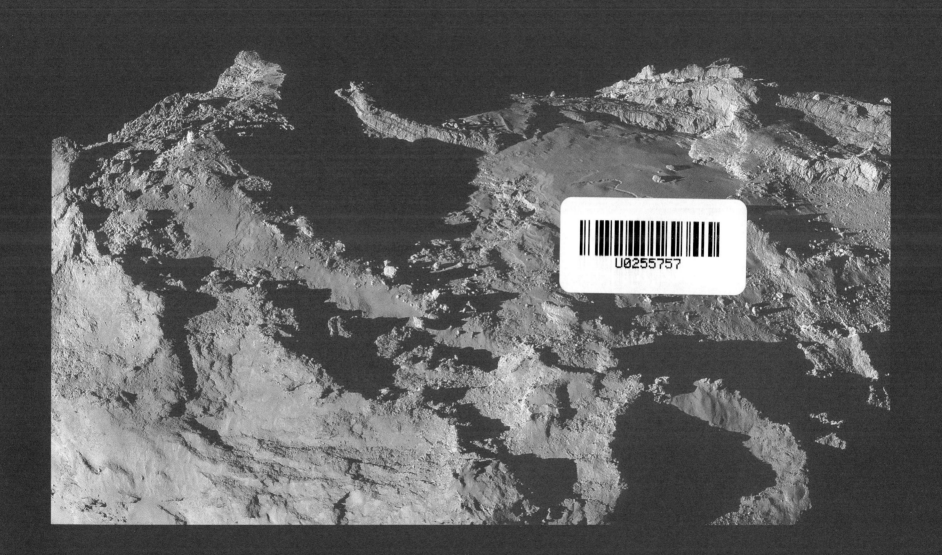

E A R T H + S P A C E

EARTH

PHOTOGRAPHS FROM THE ARCHIVES OF NASA

PREFACE *by* BILL NYE

TEXT *by* NIRMALA NATARAJ

CHRONICLE BOOKS

SAN FRANCISCO

SPACE

地球与太空

美国国家航空航天局（NASA）珍贵摄影集

［美］尼尔马拉·纳塔瑞杰 / 文　董乐乐 / 译

美国国家航空航天局（NASA）/ 图

北京联合出版公司
Beijing United Publishing Co.,Ltd.

图书在版编目（CIP）数据

地球与太空 /（美）纳塔瑞杰文；美国国家航空航天局图；董乐乐译 . -- 北京：北京联合出版公司，2015.8（2024.6 重印）

ISBN 978-7-5502-6059-7

Ⅰ . ①地… Ⅱ . ①纳… ②美… ③董… Ⅲ . ①地球 – 摄影集②宇宙 – 摄影集 Ⅳ . ① P183-64 ② P159-64

中国版本图书馆 CIP 数据核字 (2015) 第 198944 号

北京版权局著作权合同登记 图字：01-2015-5695号

地球与太空

作　　者	［美］尼尔马拉·纳塔瑞杰
图　　片	美国国家航空航天局
译　　者	董乐乐
责任编辑	管　文
项目策划	紫图图书 ZITO®
监　　制	黄 利　万 夏
营销支持	曹莉丽
特约编辑	路思维
装帧设计	紫图装帧

北京联合出版公司出版

（北京市西城区德外大街 83 号楼 9 层　100088）

艺堂印刷（天津）有限公司印刷　新华书店经销

字数 50 千字　889 毫米 ×1194 毫米　1/16　11 印张

2015 年 8 月第 1 版　2024 年 6 月第 12 次印刷

ISBN 978-7-5502-6059-7

定价：199.00 元

目 录
Table of Contents

序言 比尔·奈

所有人都曾有过这样的梦想——我要是能飞该多好。如果我们能自由飞翔，我们就能俯瞰江河、丛林、沙漠，还有无边无际的沧海。如果我们能飞得比这更高，会怎么样呢？如果我们能飞离地球，从另一个视角欣赏我们生活的这个星球，到宇宙的深处遨游，又会如何？现在即便我们不像漫画书中的超级英雄那样拥有上天入地的超能力，也能完成这个梦想了。人们通过巧妙的构思创造出装有摄像头的遥控航天器，把它送入我们的祖先只能在无垠的梦境中才能看到的广袤宇宙中，于是便拍摄到了书中的图片。

这些拍摄到的太空图片精彩绝伦，宇宙中的风光让人觉得既新奇又震撼，这些图片本身就是一幅幅卓越的艺术作品。但是和那些肖像画、风景画，抑或世间的其他艺术作品不同，这些图片并不是由哪一位艺术家或梦想家创作出来的，而是源自一个国家项目，是成千上万名技术卓越的工程师、技术工人和科学家为了满足人类探索和发现的欲望，经过不懈努力取得的成果。

数十万年以来，我们的祖先也许曾无数次仰望天空，但是直到几百年前，我们才明白为什么天空中会出现各种不同形状的星系；直到最近这几十年，我们才开始观测火星；直到近几年，我们才发现土星光环的真面貌。如果没有组建国家航空航天局，我们仰望天空时，还是会像我们的祖先那样迷惘。美国国家航空航天局受到了无数的赞誉和褒奖，该机构拍摄到的图片在各种图书中屡屡出现，由此可见，这个由美国政府推动的计划给文化领域带来了持续而广泛的影响。

我由衷地希望，当你翻开本书时，每一张图片都能让你觉得赏心悦目。如果书中的图片和文字能激起你对天文领域的兴趣，那就再好不过了。为什么天上的星星能呈现出如此美丽的形状？为什么光线经过反射能够呈现出我们用肉眼无法直接观测到的缤纷色彩？外太空中天体的物质组成为什么会呈现出那样的结构？我希望大家能花一点时间，欣赏一下这些工程师、技术工人和科学家们共同创作出的精美图片。无论是起机动作用的火箭发动机，还是用于探测光子的超大镜头，在冰冷黑暗的太空中工作的所有机械部件，都是人类制造的。这些人在大脑中构想航天器的规格、运作方式和形态，发明出了可以深入遥远太空的航天器，让它们去探索临近的星系，再将那些震撼人心的图片传回地球。

如果不能从上到下俯视我们生活的这颗星球，我们永远不可能知道我们的世界是如此的精巧细致。本书给我们装上了一对翅膀，让我们能飞离地球，遨游太空。在我们生活的年代，人类建造并发射了航天器，从而使我们得以欣赏到美国国家航空航天局拍摄到的太空图片，真是不得不说，我们是受上天眷顾的一代人。在此祝愿我们能继续旅程，日后进一步探索和发现未知的世界，始终关注神奇的宇宙以及我们生活的星球。

[右侧图注]

哈勃太空望远镜换上了"新翅膀"

这张照片是在2002年3月9日用一台数码相机拍摄的，照片拍摄的是哈勃太空望远镜在地球上方飞过的画面，四块可以活动的太阳能电池板就像望远镜的"翅膀"，乘坐哥伦比亚号航天飞机执行代号STS-109任务的宇航员们完成了为哈勃太空望远镜"换翼"的工作。宇航员耗时十天，进行了五次太空行走，完成了哈勃太空望远镜急需的硬件升级任务。宇宙射线和太空碎片损坏了之前的太阳能电池板，这次新换上的"翅膀"提供的能量比之前的高30%，而且对极端温度的耐受程度更高。在此次任务中，宇航员们还为哈勃安装了先进巡天照相机（ACS）。和替换下来的相机相比，新换上的先进巡天照相机（ACS）更加敏感，使哈勃的探查能力增加了十倍。先进巡天照相机的视角更开阔，拍摄出的图片质量更清晰，还能捕捉到包括可见光（波长在380～780纳米之间）和远紫外线（波长为200～280纳米的紫外线）在内的更多光波信息。在银河系范围内，先进巡天照相机可以拍摄到非常细致的图片，也能拍摄到临近星系的其他天体。

引言 尼尔马拉·纳塔瑞杰

140亿年前，宇宙大爆炸刚发生不久，宇宙还只是一个由高温氢离子和氦气组成的等离子体辐射点。随着时间的推移，宇宙渐渐冷却，开始膨胀，氢原子的电子和质子结合在一起。新形成的中性氢原子开始吸收宇宙中的光量子，于是便有了光，宇宙中的黑暗渐渐退去。在大爆炸发生之后的40万年，宇宙进入"黑暗时期"，这个被混沌和黑暗统治的时期持续了数亿年。如果到那个时期走上一圈，你会发现，放眼整个宇宙，我们用肉眼什么也看不到。

最终，大爆炸中残留的红外线点亮了宇宙中气态的浓雾，星系渐渐形成。早期恒星和类天体（光和能量团，是当时宇宙中最亮的物体）在这些气态的星系摇篮中得以孕育，它们放射出的能量使氢原子重新电离成离子态，让光明得以贯穿整个宇宙。

"黑暗时期"至此终结。宇宙焕发出了光彩，我们又可以用眼睛欣赏宇宙风光了。

外太空中的天体对人类而言意义深远。天上的行星、星座和星系，刺激了人类在艺术、文学和抽象理论方面的发展。在人类早期历史中，我们的祖先就对人类的起源充满了好奇。为了满足这一渴望，人们通过观测夜空中的天象编造出了很多能够解答这一疑问的神话传说。

人类观测天象的历史由来已久，一开始，古代天文学家用羽毛笔和纸记录观测结果。早期记录的资料十分容易出错，因为那时候没有精密的仪器，无法准确地将看到的景象以书面的形式记录下来。直到摄影技术的发明，人类才得以准确捕获宇宙的真实形态。1822年法国发明家约瑟夫·尼瑟福通过实验，在涂了沥青（石油副产品）的光滑锡板上制作出了可以永久留影的图像。1839年天文学家约翰·海因里希·冯·梅德勒才发明出"摄影"这个词形容这一成像过程，通过英国数学家和天文学家约翰·赫歇尔的大力推广，这个词汇才开始普及。

顾名思义，天体摄影术指的是为太空中的天体拍摄照片，这项技术在19世纪中期开始盛行。通过长时间曝光，人类首次捕获到了月亮、恒星和星云的黑白影像。法国著名的艺术家和摄影师路易斯·达盖尔是天体摄影第一人，他在1839年拍摄了一张月亮的照片（可惜的是，这张具有里程碑意义的照片没有被保留下来，毁于他的实验室失火）。又过了几年，到了1844年，法国物理学家让·伯纳德·莱昂·傅科和阿曼德·希波吕托斯·路易斯·菲佐首次拍摄了太阳的照片。至此，人类终于可以留下宇宙的精准图像了。广阔的宇宙不再是一片不可探知的虚空幻境。

在接下来的100年间，天体摄影技术飞速发展。1887年，20个天文台共同参与了一项天文测绘计划，该计划的目标是通过望远镜摄影技术绘制一张星空地图（虽然当时这项计划并未完成，但是天文学家们并未因此放弃，还在朝着绘制更广泛更细致的星空地图这一目标努力）。到了20世纪中叶，加利福尼亚帕洛马天文台的海尔望远镜和塞缪尔·奥斯钦望远镜记录的信息，展现了大型天文望远镜超强的成像能力。

[右侧图注]

木星上的漩涡

这张标志性的木星图片是由1979年旅行者号拍摄到的三张黑白照片合成的。旅行者号的任务是，获取木星错综的光环、各卫星以及木星复杂大气层的详细信息。这个漩涡上浮到了木星的大气层，位于云层之上。虽然在图片中，它看起来平静温和，实际上这片漩涡云团在以每小时400英里（644千米）以上的速度高速移动着，由此引发的巨大风暴，是地球的3.5倍。

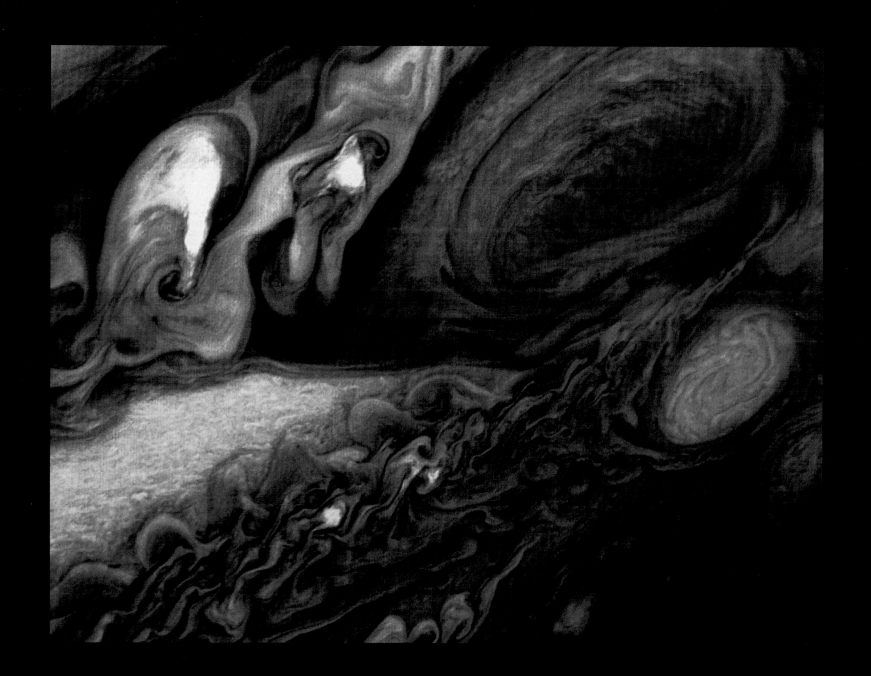

地面上的天体摄影技术还在不断发展，其所拍摄到的图片为科学研究提供了越来越多的帮助。科学家们借助这些信息可以预测风暴的模式和轨迹，也可以以此为基础在海洋学和环境科学领域获取更多新发现。科学家们已经能够获取覆盖更大范围的照片，星空地图的绘制工作还在继续。

莱曼·斯皮策首次提出了太空天文台的概念。1946 年，他在耶鲁大学担任研究员时提出了在地球之外拍摄太空图像的想法。那时候，地面上的望远镜无法捕捉到 X 射线、伽马射线以及其他多种放射物质。斯皮策意识到，只有地外望远镜才能摆脱地球大气层的影响。他的这一提议，给我们对宇宙学和物理学的认识带来了巨大的冲击。

多亏了美国国家航空航天局，让斯皮策的设想在今后的几十年变成了现实。美国国家航空航天局建立于 1958 年，当时美国与苏联展开了激烈的太空竞赛。两国军事实力远远领先世界其他国家，都研制出了洲际导弹。随着导弹技术日趋成熟，苏联在 1957 年发射了第一颗人造卫星。美国也不甘示弱，在 1958 年向太空发射了第一颗美国人造卫星"探险者一号"。同年晚些时候，时任美国总统德怀特·D·艾森豪威尔签署了《美国国家航空暨太空法案》，要求美国展开对地球大气层和外太空的研究。

美国国家航空航天局最早的照片主要拍摄的是工作生活场景，比如庞大的宇宙飞船、点火发射、宇航员们的例行任务之类的。宇航员们手里拿着相机随意拍摄，没什么特殊目的，只是一项单纯的娱乐活动，他们只是想拍摄下自己工作的场景，分享给亲朋好友。1962 年，约翰·格林（第一个完成绕地飞行的美国人）乘坐载人飞船进入了太空。他随身携带着一个在杂货店购买的安士高 35 毫米傻瓜相机。美国国家航空航天局在 1965 年启动了"双子星计划"，宇航员爱德华·怀特在太空行走时用蔡司 Contarex 35 毫米相机拍摄了一张宇宙飞船的照片。随着科技的发展，相机变得越来越复杂精密，美国国家航空航天局对太空摄影变得越来越重视。20 世纪 60 年代，月球探测器拍摄了成百上千张月球照片，清晰地展现了月球表面的详细情况，为阿波罗计划铺平了道路。1969 年，在执行阿波罗 11 号任务期间，宇航员们带上了各种各样的摄影设备，从电影胶片摄像机到电视摄像机，再到专门为了拍摄月球土壤特写的立体特写相机，一应俱全。美国国家航空航天局拍摄的照片让我们对太空有了进一步的认识，人类这才恍然大悟，原来我们生活的地球只是茫茫宇宙中的一颗小小星球。我们终于可以脱离地球，换一个角度想象宇宙的形态了。

书中的很多图片都是由哈勃太空望远镜拍摄的。哈勃太空望远镜以美国天文学家埃德温·哈勃的名字命名，他在很早就通过研究证明了宇宙正在扩张的理论，哈勃太空望远镜于 1990 年发射升空。可惜，这台望远镜一开始的旅程并不顺遂，刚开始工作就出现了一系列的问题。哈勃最初传回地球的照片一片模糊，什么也看不清。科学家最终发现，是因为望远镜主镜边缘太平，扭曲了图像。1993 年的时候，科学家们为望远镜换上了一套新的光学元件，对望远镜的维修工作持续了很多年，哈勃太空望远镜的科技含量在此期间大幅提升。

哈勃太空望远镜装配了巨大的镜片，探查功能非常强大，可以捕捉到人眼看不到的光线。哈勃太空望远镜的主镜片直径是 7.9 英尺（2.4 米），尽管如此，和地面上的太空望远镜镜片相比还是小了不少，地面上的太空望远镜主镜片直径有 32 英尺（10 米）。但是，由于哈勃会在距地球 353 英里（568 千米）的轨道上运行，所以视野比地球上的太空望远镜更清晰，因为地球的大气层会影响宇宙观测效果（天上的星星之所以会一闪一闪的，就是这个原因）。

哈勃太空望远镜以每秒 5 英里的速度（以这个速度，只需要 10 分钟就能横跨北美洲）在轨道上运行，每 97 分钟就能绕地球一周。当望远镜在太空中遨游时，望远镜上的六个特殊装备就会不断捕捉图像，很多非可见光形成的光影现象也会被望远镜捕捉到。第三代广域照相机可以捕捉到近紫外光（波长在 290 ~ 400 纳米范围内）、可见光（波长在 400 ~ 760 纳米之间）和近红外光（波长在 780 ~ 2526 纳米范围内）。这台相机主要用于探测暗能量和暗物质，同时也可探测距地球百万光年之外的星系活动。宇宙起源光谱仪可以传回拍摄到的紫外光图像，提供天体的温度、密度和运行信息。太空望远镜成像光谱仪捕获了黑洞存在的证据，先进巡天照相机记录下了星系团的变化，近红外线照相机和多目标分光仪则让我们看到了那些隐藏在星际尘云中的天体。精细导星感测器可以测定星体的位置，同时还能让哈勃太空望远镜保证在轨道上朝正确的方向运动。这些设备可以将"不可见"的景象转化成震撼人心的图像。（除上述装置之外，哈勃太空望远镜上还有两个重要设备，望远镜的主相机第二代广域和行星照相机，以及哈勃的长焦镜头暗天体照相机。这两个设备都在 2002 年被先进巡天相机替换掉了。）

哈勃太空望远镜传回地球的照片，让我们有机会一睹宇宙的真颜。人类终于可以触及宇宙深处，形象地呈现出包括超新星残余物、暗能量、黑洞和新星系诞生在内的宇宙面貌，很多突破性的理论发现都在哈勃太空望远镜传回的图片中得到了验证，无数持续了上百年的科学猜想因此画上了完美的句号。数十亿年来，各种复杂的天文现象如今终于可以给出明确的解释，哈勃太空望远镜功不可没。

哈勃太空望远镜不可能永远在地球大气层上空劳作，哈勃终有一天会停下辛劳的脚步，设备老化在所难免，这些都是难以逃避的现实。从计划上来看，美国国家航空航天局正在研发的詹姆斯·韦伯太空望远镜将接替哈勃太空望远镜的工作，完成哈勃太空望远镜未尽的使命。哈勃太空望远镜的运行轨道距地球只有数百英里，詹姆斯·韦伯太空望远镜的轨道高度将会达到上百万英里，在太阳系的边缘遨游。詹姆斯·韦伯太空望远镜敏锐的红外线捕捉能力以及直径达 21.3 英尺（6.5 米）的主镜，能让我们探测到宇宙中最隐秘的现象。詹姆斯·韦伯太空望远镜强大的探查能力，还能记录下太阳系之外的行星的大小和大气分布情况，让人类有机会发现其他星球上的生命。如果一切按计划进行，詹姆斯·韦伯太空望远镜将于 2018 年发射升空，成为人类送入太空的最大太空望远镜。

除了哈勃太空望远镜拍摄到的照片，本书还收录了其他太空望远镜捕捉到的图像，比如赫歇尔空间天文台（欧洲宇航局建造）、斯皮策太空望远镜、钱德拉 X 射线天文台，以及广域红外巡天望远镜（WISE）。广域红外巡天望远镜可以扫描到天空中的红外线，宇宙中无数天体的光波波长都在可见光的波长范围之外，有了广域红外巡天望远镜，我们就能探测到这些物体，比如冷恒星、极度明亮的星系，以及在夜空中穿梭的彗星和小行星。美国国家航空航天局制定的"大型轨道天文台计划"向太空送入了四台望远镜。哈勃太空望远镜、斯皮策太空望远镜和钱德拉 X 射线天文台就是四台望远镜中的三台（第四台是康普顿伽马射线天文台，已经无法工作）。斯皮策太空望远镜是一个低温红外太空天文台，在将近六年的时间（2003 ～ 2009）里持续观测那些放射出红外光（大部分红外线都会被地球大气层吸收）的天体。钱德拉 X 射线天文台是美国国家航空航天局 X 射线望远镜中的佼佼者，主要用于观测宇宙中包括超新星、星系团以及黑洞周围所有物质在内的高温高能天体所辐射出的 X 射线。

美国国家航空航天局研发的高能成像和观测设备是世界上最敏感的观测设备。在后面的篇章中，你会发现，很多合成图像都是根据这些天文台收集到的信息制作出来的，这些合成图像让我们能更直观地了解天文现象的波谱信息。观测宇宙中不同波长的光线，为我们打开了一扇通往宇宙的窗户，让我们有机会了解宇宙中发生的一切。否则，宇宙对于人类而言，将永远是无法观测的神秘领域。

半个多世纪以来，美国国家航空航天局一直站在太空探索的前沿。美国国家航空航天局档案中的照片，也是一部记录美国国家航空航天局摄影成像技术发展历程的编年史——从开始激动人心的太空飞行（包括阿波罗登月计划中直接拍摄的照片），到影像贮存中我们生活的地球像一颗"蓝色大理石"一样在太空中滚动；从彻底颠覆了我们对天气和气候现象的认识的复杂卫星成像，到距离地球数十亿光年区域的合成景象。

在接下来的内容中，你将会欣赏到众多优秀的科幻作品中都会提到的天文现象。这些图片按距离进行了整理，我们会从地球出发，来到太阳系，再到银河系，让我们尽情地欣赏宇宙奇观。这些图片会为我们开启一趟穿越宇宙的惊心之旅，旅程从我们的家园银河系太阳系出发，一路上会看到太阳耀斑，经过恒星形成区，见证恒星的死亡，探索神秘的光环和暗物质，此次旅程将横跨数十亿光年。

在太空中拍摄的地球照片，会重塑我们对地球和地球资源的认识。早期从宇宙拍摄的地球照片，让参与了阿波罗 8 号任务的宇航员威廉·安德斯发出了这样的感慨："我们的目的是探索月球，但是最重要的是我们发现了地球。"20 世纪 60 年代，科学家詹姆斯·洛夫洛克在为美国国家航空航天局效力期间，提出了盖亚假说。在他看来，我们生活的地球并不是一个没有生命的物质集合体，地球并非毫无目的毫无意识地在宇宙中漫游。他认为地球是一个可以自我调节的巨大有机体，在地球上生活繁衍的生命虽然只是初来乍到，却会永久改变地球的环境。

太空深处的照片将宇宙演变的过程呈现在我们的眼前。自伽利略开始，天文学家们心中积攒的无数问号，都可以在美国国家航空航天局档案中找到答案。从原行星盘到恒星之死，这些图片不仅精美绝伦，也是解开科学难题的重要资料。这些壮美的宇宙图片，不仅能刺激人类的好奇心，以及与陌生世界建立连接的共同渴望，还能让我们掌握更多与宇宙起源和地球命运相关的知识。书中的很多图片对科学发展做出了巨大贡献，这些证据将会彻底颠覆长期以来我们对宇宙的认识。当我们将看不见的宇宙现象转换成令人窒息的图片时，我们对地球、宇宙和现实生活的看法，也会因此发生改变。

美 国 国 家 航 空 航 天 局 （ N A S A ）
珍 贵 摄 影 集

回望地球

阿波罗计划是美国国家航空航天局制定的宇宙飞行计划，这张美丽动人的图片正是阿波罗计划首次在太空中拍摄到的地球画面。在即将穿越黑暗的太空之际，我们先通过几张图片大致了解一下我们生活的地球。各种航天器已经探索过太阳系中很多距地球十分遥远的区域，每当它们准备远行的时候，总是会先为地球和月球拍几张照，给我们留下了一幅幅回望地球的画面。这张图片是哥伦比亚号在1991年搭载宇航员执行第五次太空实验室任务时拍下的。这次飞行任务的官方代号是STS-40。此次太空任务的主要目标是研究无重力状态下对心脏、肾脏和荷尔蒙分泌的影响，但是科学家在百忙之中还是没忘记给地球拍几张照片。

阳光普照大地

这张照片仅仅出自35mm的傻瓜相机，是1989年一位宇航员在乘坐发现号航天飞机执行STS-29号任务时拍摄的。照片中，阳光倾泻而下，洒向被层层飘逸的蘑菇状云朵覆盖的地球。根据目前的观测数据来看，大气层中最高的云层距离地球表面31英里（50千米），呈现出和夜空一样的深蓝色。这些云层在极低的温度下形成，由那些完全不知道从何而来的尘埃和水蒸气组成。2012年，美国国家航空航天局相关研究指出，全球云层高度与过去十年相比有所下降。

地球观测

1992年，美国国家航空航天局展开了STS52号任务，这是哥伦比亚号执行的众多太空任务之一，此次任务收集了大量和地球相关的重要信息。这张地球照片就是在STS52号任务期间拍摄的，任务中拍摄的大量照片让科学家们得以更深入地理解地壳复杂微妙的运动情况。STS52号观测任务包括测量地轴摆动情况，以及根据地球的大小和形状计算一天的精确时长（一天的实际时间是23小时56分4.1秒）。

[左侧图注]

地球与月球

这张图片其实是由单独的地球和月球照片通过合成制作出来的，伽利略号航天器在1992年飞往木星的时候拍下了这张照片。航天器通过围绕地球和月球飞行实现加速，达到更高的速度后才能飞往那颗巨大的星球。在图片中，你可以看到，有一团漩涡状的风暴云在南美洲西南方向的太平洋上盘旋。地球表面包括巨大的第谷环形山在内的阴影部分，布满了小行星撞击月球表面时形成的火山。

[右侧图注]

蓝色大理石

这张颇具代表意义的"蓝色大理石"图片是执行阿波罗17号任务的宇航员在1972年拍到的。作为地球的首张"全身像"，这张图片广为流传。通过这张图片，我们能清楚地看到地球的地理面貌，从地中海到南极冰盖全部尽收眼底。美国国家航空航天局后来根据卫星发回的图片，合成了多张"蓝色大理石二代"图片，让我们看到了色彩更加丰富的地球全貌图。负责收集资料的人造卫星历时数月，扫描了地球表面的每一寸土地，从陆地到海洋，再到云层、海冰，无一遗漏。

云层和日光笼罩下的印度洋

印度洋上空翻滚的云层，让人有种诗情画意的感觉。照片摄于1999年，是在发现号航天飞机上拍摄的。15年后，美国国家航空航天局的科学家却从这张美得让人窒息的照片云团中发现了不祥的兆头。进一步的研究显示，在南亚和印度洋地区的大气层中盘踞着一条狭长的棕色云团污染带，这条污染带上的大气层从下至上充斥着有害的悬浮颗粒。人们将天空中这片雾蒙蒙的区域称为亚洲棕色云团。

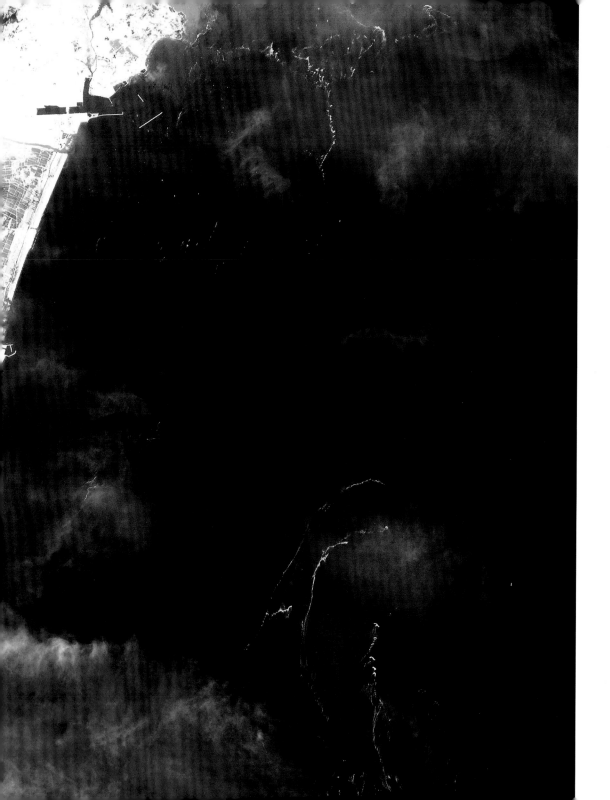

[左侧图注]

海啸残景

2011年3月11日，地震引发的海啸席卷了日本东北部海岸，摧毁了多个城市和村庄。这张照片呈现的就是海啸带来的后果。拍摄照片的时候，距离海啸结束已经过了三天。照片中覆盖了18.5×26.5平方英里（29.8×42.6平方千米）的范围，包括土地在内，这里人们的生活可以说是悉数尽毁。照片是高级星载热辐射热反射探测仪（ASTER）拍摄到的，ASTER是美国国家航空航天局的五大地球探测设备之一，是美国与日本合作开发制造的，负责收集能发出从可见光到红外光的一切物体的图像，为我们检测冰川发展、火山活动，以及地球表面的其他外部变化提供信息。

[右侧图注]

点亮地球

这张地球图片，是由索米国家极地轨道伙伴卫星在2012年耗时22天绕地球312圈拍摄到的照片，经过合成制作出来的。可见光红外成像辐射仪（VIIRS），让我们可以看到可见光和红外光。图片中不仅呈现了城市的灯火通明，也捕捉到了包括可燃气体燃烧时产生的火焰、朝霞和野火在内的微弱光辉。美国国家航空航天局绘制的、精准呈现地球特征的"蓝色大理石"图片，也使用了国家极地轨道伙伴卫星收集的数据。

新月

这张目前已经颇为著名的新月图片是2014年2月日本宇宙航空研究开发机构的宇航员若田光一在参加国际空间站第38期远征队任务时拍摄的。照片中，新月反射出的微光照射进地球厚重的大气层。身处太空的光一每天都会在Twitter发照片，有时候发冰川照片，有时候发北极光照片，这张新月照片也是他在太空发布的众多照片之一。图片中红色的分层表示，可见光中波长最长的光，汇集在地球大气层表面；波长较短的光碰到空气中稠密的分子，四散开来。大气层各层中的主要气态物质分子大多呈棱形，可以区分开不同波长的光。

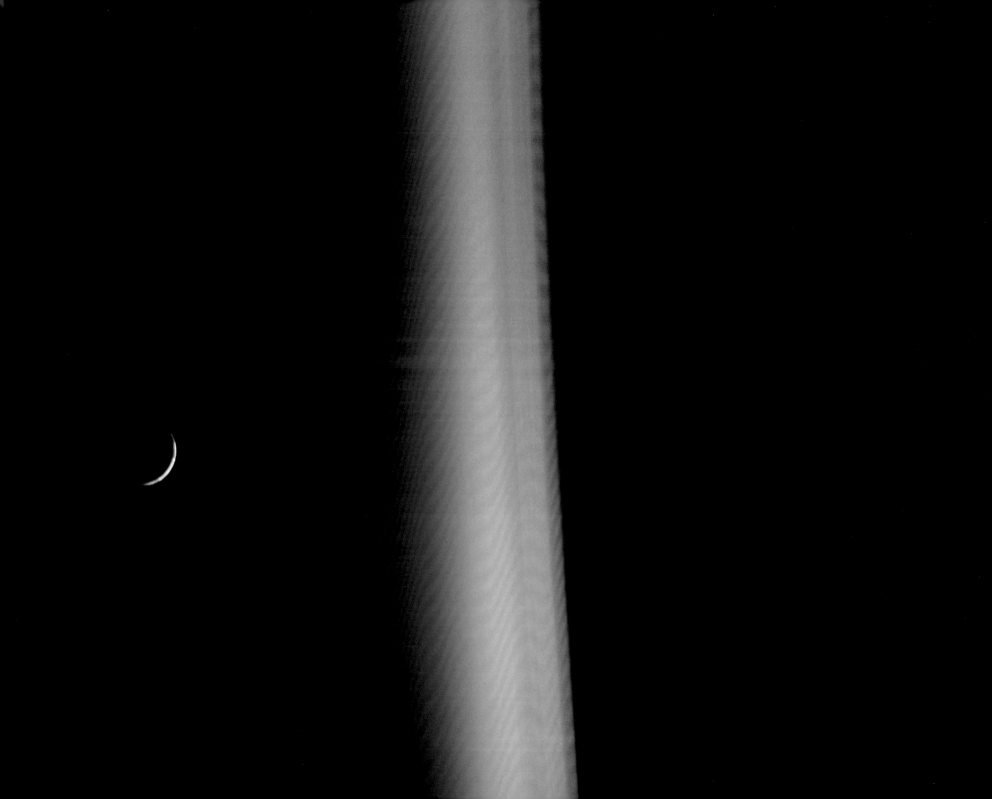

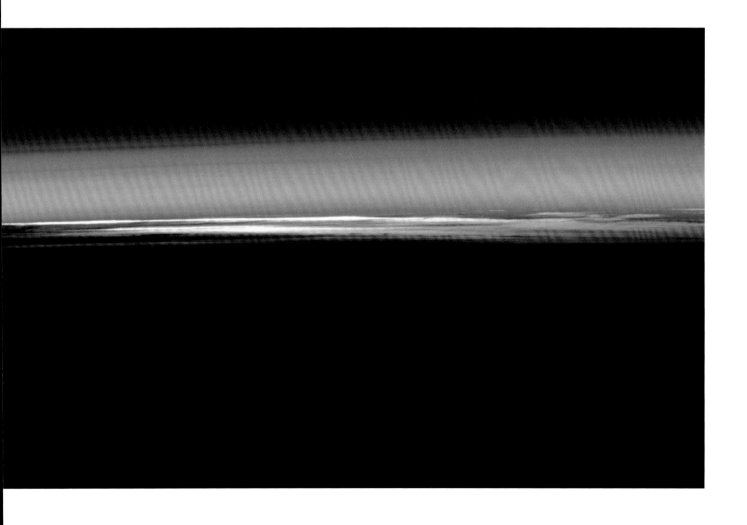

地球之翼和月球上的"风暴洋"

在这张图片中，月亮悬挂在地球之翼上。月球上最大的月海就是照片中正对着我们的那块黑斑，这片月海是猛烈地熔岩冲击月球表面而形成的，其中"风暴洋"是目前我们所知的月球上最大的月海。照片中的前景是位于地球对流层的广阔云层，对流层是大气层最靠近地面的一层（对流层中有水蒸气和云团，蕴含了整个大气层约80%的质量）。洒落在上层大气中的阳光呈现出了蓝色，与黑暗的太空连成了一片。和其他地球之翼的照片一样，这张图片凸显了地球精巧与坚毅并存的别样美感。与广阔无垠的太空相比，大气层显得如此渺小。即便如此，它却为我们提供了必要的保护，维持着我们赖以生存的环境。

地球之翼

地球之翼指的是大气边界层，从太空上看，像一个环绕在平整的圆盘上的光圈。这里也是地球的弧面与大气层之外的漆黑世界交汇的地方，从这个角度来看，它又像一个美丽的盾牌，保卫着地球免受来自外太空的危险侵袭。人造卫星、航天飞机和月球上的相机都曾拍摄过这层薄薄的气态物质。在这张照片中，在夕阳的照射下，发光的悬浮微粒为地球镀上了一层光晕。当发生逆温现象①，烟、尘、气聚合成狭窄的分层时，就会出现这条色彩艳丽的彩带。

①译者注：在某些天气条件下，会出现气温随高度增加而上升的现象，或者地面上随高度的增加，降温变化率小于0.6°C，称为逆温现象。

日暮下的"地球之翼"

这张日暮时分的地球之翼照片是第5远征队在国际空间站执行任务时拍摄的。2002年的这次任务是持续时间最长的外太空任务之一（为期184天）。分界线上的颜色揭示了大气分层的排列状况。晚霞映出的亮丽的橙黄色对应的是对流层，对流层是最贴近地面的大气分层。对流层上面是平流层，平流层中几乎没有云，距地表约31英里（50千米）。再往上，与太空交界的大气层，呈现出了深蓝色。

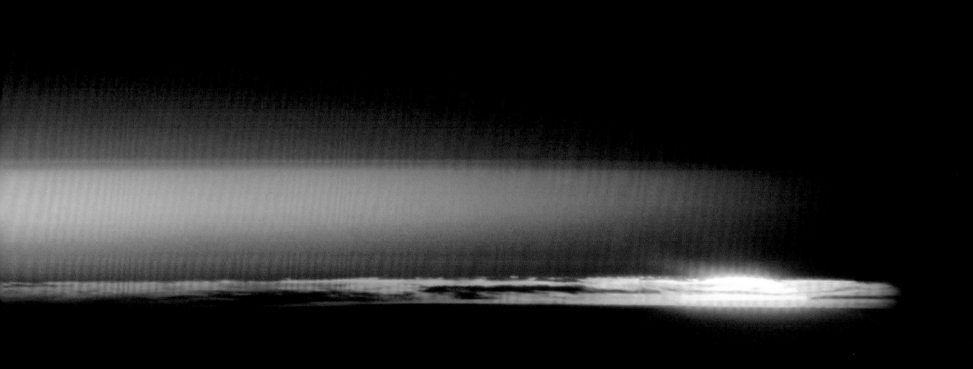

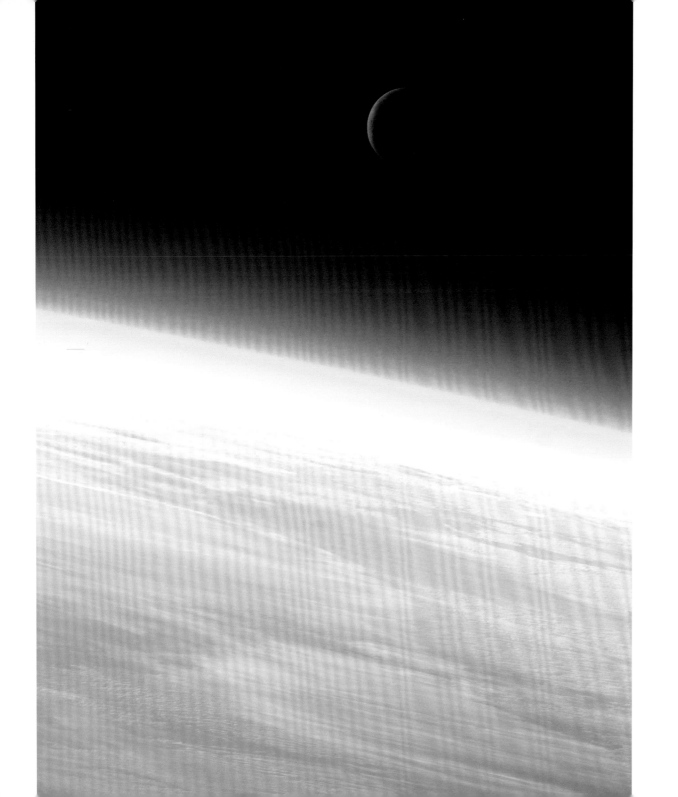

[左侧图注]

新月效应

在这张照片中，一牙下弦月悬挂在亮白的地球之上。照片拍摄于2010年，是第24远征队在宇宙空间站拍摄的。新月出现的第三个星期，月球绕地运转四分之三周时，挂在天上的就是下弦月。和照片中展现的一样，下弦月时，月球受光的一面对着地球的地平面，每当这时，我们能拍到地球绕太阳公转的轨迹。在黎明之前，观察天上的下弦月，你就能看到地球在公转轨道上向前运动的轨迹。如果月球不动，地球以每秒18英里（29千米）的公转速度前进，只需要几小时，就能到达月球。

[右侧图注]

地出①

这张颇具象征意义的"地出"照片拍摄于1968年12月24日，出自执行阿波罗8号任务的宇航员威廉·安德斯之手。著名的自然摄影师盖伦·罗威尔曾表示，这张照片是有史以来最有影响的环境摄影作品。从太空拍摄的地球照片不胜枚举，这张照片的视角最独特。当宇宙飞船正在旋转的时候，安德斯随手拍下了这幅让人难忘的画面。执行任务时有录音，录音存档显示，他当时惊呼了一句，"哇！真好看！"他发出的那声赞叹，就像第一次看到我们生活的这颗星球似的。照片中，地球已经升起一半，如果从地球上看，宇航员们正从东面冉冉升起。从照片中看，地球很近，似乎触手可及，实际上地球与航天飞机相距484英里（779千米）之遥。

①译者注：地出是指从月球上看地球，地球从月球的地平线上升起。

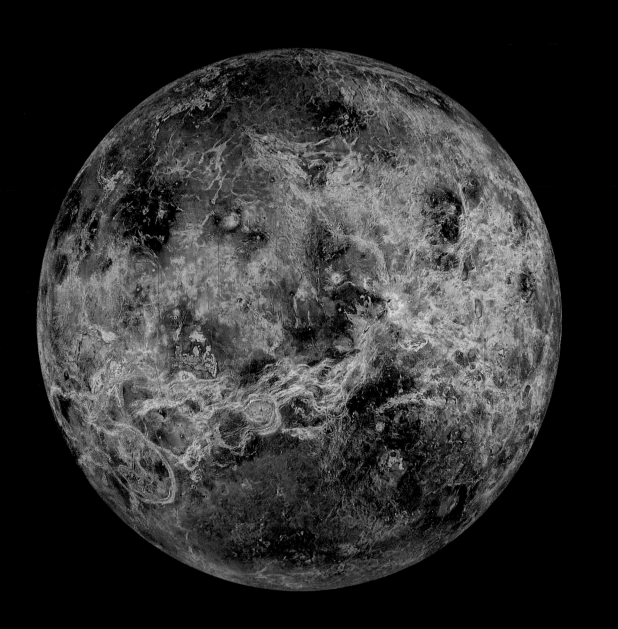

金星半球视图

1990年，人类将麦哲伦号探测器送上了金星，科学家根据麦哲伦号历经十年的雷达探测收集到的数据，绘制出了这张色彩艳丽的金星半球图片。麦哲伦号最终完成了金星表面98％的成像扫描工作。这张图片中，用色彩斑斓的色块区分出了不同的海拔（位于地球的阿雷西博射电望远镜也为绘制工作提供了一定的帮助）。麦哲伦号提供的数据显示，金星地表形成的时间相对较短，地表年龄只有3亿到6亿年。和地球不同的是，金星没有板块构造之说，每隔几亿年，它的地质结构就会发生一次彻底的改变，表面的地壳也会被完全重塑。

水星近景

这张照片拍摄的是离太阳最近的行星——水星。照片拍摄于2008年10月6日，多亏了信使号（MESSENGER，信使号是MErcury Surface水星表面，Space ENvironment太空环境，GEochemistry and Ranging地球化学和广泛探索的缩写）水星探测器，我们才能有幸一睹水星的近颜。在图片中心的下方，我们可以看到一个柯伊伯带形成的环形山。信使号不仅完成了水星磁场的测量工作，还探测到了水星外大气层中漂浮的微型粒子。水星外大气层中的分子彼此间相距甚远，互相碰撞的频率甚至比分子与水星表面的碰撞频率还低。水星外大气层中的大部分物质来自水星表面，主要是太阳辐射、太阳风扬起星球表面的尘埃，飘散到了大气层中形成的，还有一部分是流星体气化形成的。我们最熟悉的哈勃太空望远镜从来没有拍摄到过水星的照片，这是为什么呢？因为水星离太阳的距离太近，强烈的太阳光会摧毁望远镜的感光元件和电子元件。

木卫二

这张彩色图片是合成的。用于合成的原始图片是伽
利略号探测器在20世纪90年代末拍摄的。拍摄时
使用了近红外光、绿光、紫外光滤镜。木卫二是木
星的第四大卫星，这张图片展现了木卫二大部分区
域，如果用超高分辨率的设备进行观测，木卫二在
人眼中就会是这个样子这个颜色。图片中淡蓝色的
区域被纯净的冰层覆盖，红棕色的区域没被冰层覆
盖。木卫二整体来说是一颗十分光滑平整的星球，
几乎没有明显的海拔变化，这颗卫星的冰层表面，
只有一些火山喷发时留下的沟壑。木星强大的引
力（潮汐摩擦力作用）导致木卫二的内核温度非
常高。高温融化了地表之下的冰层，在冰层下面
形成了一片深达62英里（10万米）的咸水汪洋。
如此算来，木卫二上的液态水能达到地球的两倍
之多。科学家据此推断，木卫二上很可能存在生
命，但是仅限于微生物形式，这些简单的生命形态
可以依靠洋面上的热气孔维持生命。

木星和木卫一

这张简单、漂亮的图片是木星和木卫一的合成图。原始图片是"新地平线"号航天器在2007年2月和3月拍摄的。木星的画面是根据红外线图像合成的（蓝色是高海拔云层，红色表示的是木星大气层深处的云层）。图片中的蓝白色椭圆形是著名的"大红斑"，这个巨大的高压风暴位于大部分云团之上。图片中的木卫一是用真彩色合成技术合成的。图片中，木卫一右侧的特瓦史塔火山正在喷发。强大的潮汐力（木卫二和木卫三的引力）使得木卫一成为太阳系中最活跃的星球，火山喷发的高度能达到190英里（300千米）。

土星光环

这是卡西尼号航天器在2013年10月10日拍摄的土星照片，让我们得以近距离欣赏到阳光照射在土星北半球的美景。2004年，卡西尼号同样为土星拍摄了照片，主体颜色呈现的是蓝灰色，而2013年的这张照片更接近金色，不过由于南极地区由于处于冬季，所以呈现出了浅蓝色。卡西尼号之所以清楚地拍摄到了土星的极地、光环和磁场环境，是因为土星目前所处的轨道位置适宜拍摄。土星光环中有数以百亿计的物质，有细小的微尘也有庞大的巨砾。据推测，土星光环可能是由彗星、小行星与土星的卫星相撞后产生的碎片组成的。

[左侧图注]

海王星卫星

这张精细的图片展现的是海卫一的容貌，海卫一是海王星的卫星。海王星和海卫一的诞生时间相似，都在45亿年前左右。海卫一是逆向运行的，也就是说它的运行方向和海王星的运行方向是相反的。海卫一表面相对平滑，只有一些岩石峡谷，以及类似间歇泉喷发的地质活动不时发生。海卫一原本是位于柯伊伯带上的星体，柯伊伯带与其他行星相距甚远，其中包含着太阳系形成时遗留下的残余物。

蓝色海王星

这张合成图像中的蓝色星球是环绕地球运行的第八大行星，原始照片拍摄于1989年8月。旅行者二号探测器拍摄照片时距海王星440万英里（708万千米）。图像中间位置是海王星的"大黑斑"，这块大黑斑是发生在海王星上的风暴以及高速移动的云层。1989年首次拍到这种现象，在此之后这现象一直持续了五年才消失。科学家认为，这个巨大的气态星球，在一开始形成的时候离太阳很近，后来才渐渐移动到现在的位置。

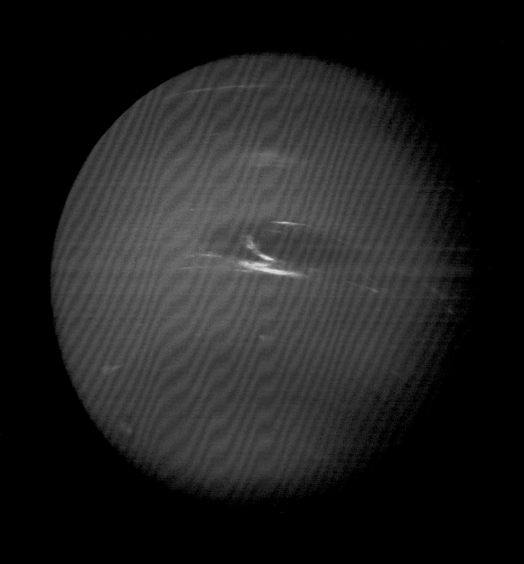

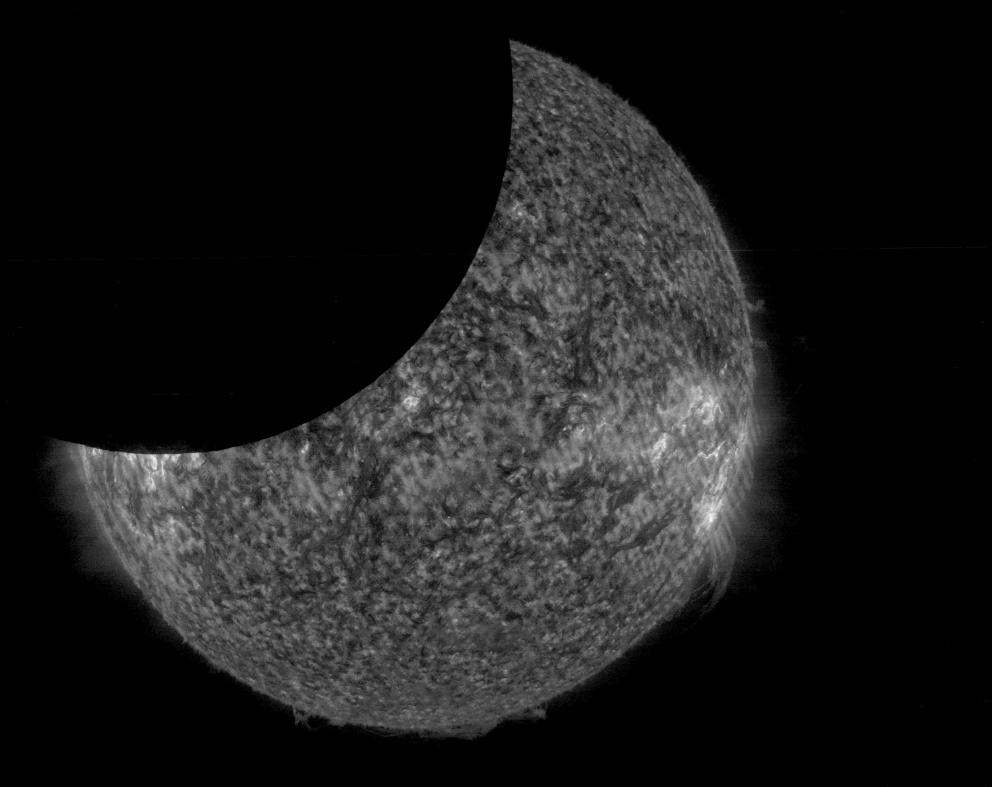

日食

2014年1月30日，美国国家航空航天局太阳动力学天文台拍下了这张日偏食照片。照片中，月球位于太阳动力学天文台与太阳之间。每年都会发生两到三次日食，这次日食是有记录以来持续时间最长的一次，总共持续了两个半小时。月球的地平线之所以拍摄得如此清晰，是因为月球上没有大气层，不会扭曲太阳照射出的光线。太阳动力学天文台记录下的月球在日食过程中的运行轨迹非常珍贵。科学家通过观测月球的黑度（发射率），可以测定并抵消会对望远镜造成影响的杂光，更清楚地查明宇宙空间的运动情况。理论上来讲，我们望向月球时，应该只能看见一团漆黑，但是月球反射的太阳光让我们可以通过望远镜看到它的身影。

太阳对流区

太阳内部可以分成三层，对流区是最外面的一层，在这里做旋涡式运动的热等离子体（高温剥离了气体分子的电子）不断向外喷射。这张图片是2010年10月27至28日拍摄的。持续48小时的拍摄捕捉到了超高温的等离子与太阳磁场相互纠缠时跳跃、回旋的画面。这幅场景借助滤镜通过紫外线成像记录了下来，让我们看到了肉眼无法观测到的太阳的持续活动。大部分等离子体会发散到太空中。相对较冷，密度相对较大的等离子体会下沉到太阳内部，在形成照片中可以看到流动回路。观测呈旋涡式运动的等离子体，可以帮助科学家更好地了解和预测太阳风暴，以及太阳风暴对太阳系造成的整体影响。

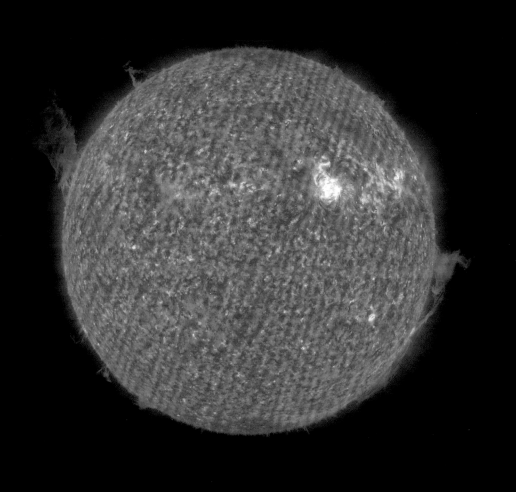

日冕和太阳高空过渡区

这张日冕和高空过渡区的图片，是太阳动力学天文台在2013年12月31日拍摄到的。日冕是太阳大气层的最外层，与太阳明确的表面之间相距数千英里。过渡区横跨在日冕和太阳大气层温度较低的部分中间，温度急速上升，从数千度陡然上升到了数百万度。日冕的温度超过一百万度，比太阳表面温度高出了无数倍，日冕层的物质随着太阳风的活动不断外逸，从太阳内部喷射出的等离子体流遍布整个太阳系。一般情况下，日冕层是无法被观测到的，因为太阳表面太过明亮，我们无法观测到相对暗淡的太阳大气层。太阳动力学天文台通过"大气成像组件"和"日震与磁成像仪"这两套成像设备拍摄到了太阳难以观测到的区域。在地球上，只有出现日食时，我们才能隐约看到日冕的存在。那个环绕在太阳周围的飘渺光圈就是日冕。

太阳耀斑

这张太阳耀斑照片是天空实验室3号飞船上的阿波罗太空望远镜装置在2010年9月1日拍摄到的。太阳耀斑是太阳表面突然出现并迅速发展的闪耀亮斑，耀斑的产生源于磁场能量累积之后的持续释放。太阳耀斑爆发的频率和速度没有特定的规律，无法预测什么时候会爆发以及爆发之后会持续多久，持续时间通常在几秒钟到一个小时之间。太阳耀斑可以分为几个等级，最活跃的太阳耀斑会喷射出硬X射线[1]、射电波和伽马射线。我们无法用肉眼观测太阳耀斑，但是可以借助光学望远镜、太空望远镜和射电望远镜探查到正在爆发的太阳耀斑。极度猛烈的耀斑爆发可以瘫痪我们的电网和通讯网。有证据显示，出现在南极和北极地区的绚丽极光是太阳耀斑作用的结果。来自太阳的带电粒子与磁层中的粒子发生碰撞相互激发，就形成了极光。巨大天体的磁场会对周围的高能粒子产生强大的约束力。

[1]译者注：硬X射线，即能量较高的X射线。

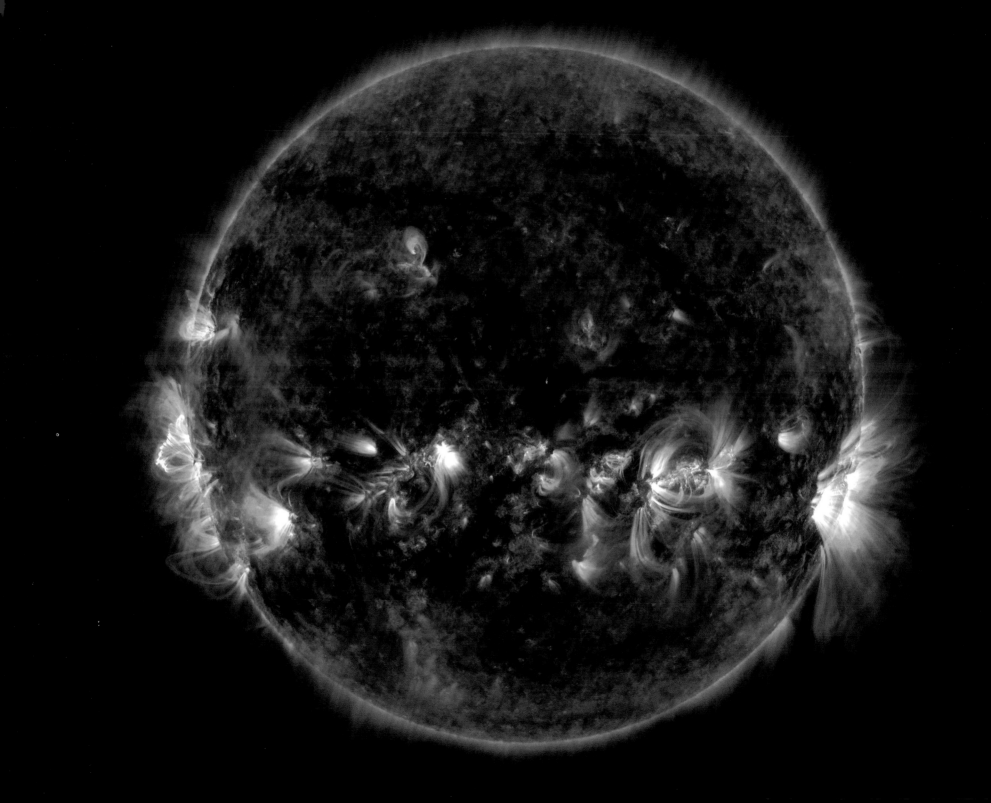

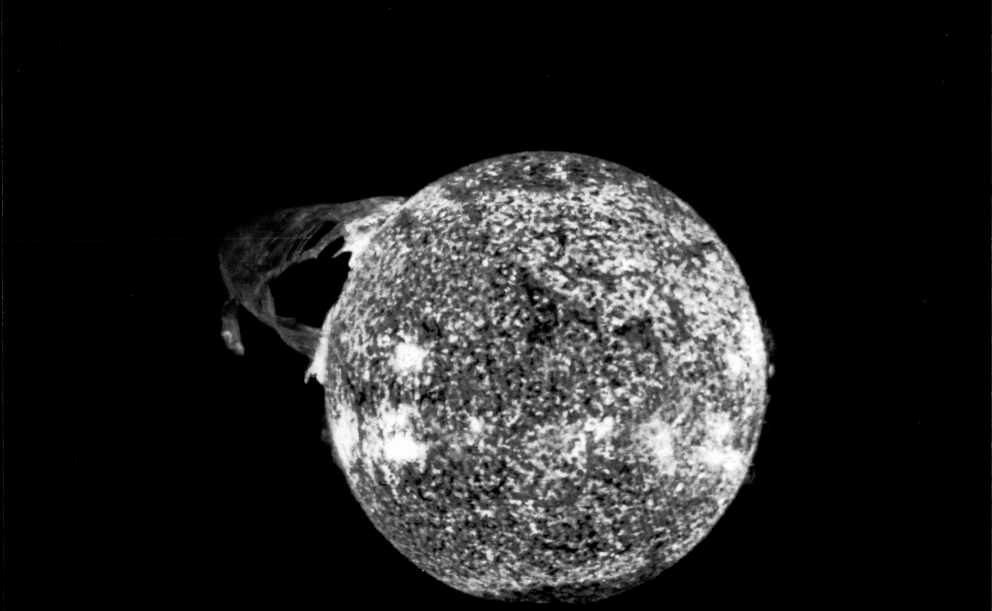

一波太阳耀斑

这张太阳耀斑爆发的图片是太阳动力学天文台在2010年拍摄到的。单独的一个耀斑爆发释放出的能量，等于数百万个100兆吨的氢弹同时爆炸释放的能量，而这还不及太阳在一秒内释放的能量的十分之一。1859年，理查德·卡灵顿和理查德·霍奇森首次发现了太阳耀斑，二人并非合作伙伴，而是各自同时注意到了天空中出现了一块巨大的白斑。图片中的蓝色部分是太阳的表面，发光的波状图形代表的是太阳耀斑和耀斑喷发的路径。望远镜可以探测到太阳耀斑爆发时释放的射电和光能，但是地球的大气层会过滤掉超高温的伽马射线和X射线，因此只有太空望远镜才能探测到。地球的大气层会散射掉波长较短的光线（比如蓝紫色、蓝色和绿色），也就是说我们的肉眼只能看到太阳光中波长较长的光线（比如黄色和橙色）。太阳动力学天文台和其他望远镜可以借助彩色滤镜将那些我们在地球上观测不到的光线（比如X射线和紫外线）标示出来。

仙后座和仙王座

这张图片是由广域红外巡天望远镜在2010年拍摄的上千张图片合成的。图片中的这片天空是仙后座和仙王座所在的位置，红外线成像使得这两个非常耀眼的恒星系变得有些模糊不清。一般情况下，仙后座是夜空中最明亮的星座，但是广域红外巡天望远镜让我们看到了一幅完全不同的画面，红外线探测设备使得大量相对较暗的行星和星云得以显现。

图片中相对稠密的绿色区域是星云，星云是由尘埃、氢、氦气、等离子体组成的星际云团。当粒子受到引力的作用，星际物质就会聚集成团。组成星云的物质是恒星衰亡的残余物，在这些物质中会诞生出新的恒星。当越来越多的气体和星际尘埃聚集在一起，在压力的作用下，气体被电离成离子态，星云中就会诞生出新的恒星。

[左侧图注]

蛇夫座ζ星

这幅巨型恒星蛇夫座ζ星的红外线图像，是美国国家航空航天局的斯皮策太空望远镜在2012年拍摄到的。这颗年轻的恒星距地球370光年，质量是太阳的20倍，亮度是太阳的8万倍。科学家认为蛇夫座ζ星曾经是双星系统[①]中的一个。当双星系统中的另一颗恒星死亡后，蛇夫座ζ星就像射出的大炮一样飞速离开。如果不是被尘云遮挡住了部分光线，这颗恒星看起来会更加明亮。从这颗恒星吹出的恒星风以每小时54000英里（86905千米）的速度高速运行，如此高的速度足以打破周围物质形成的音障。当更高速度的恒星风与低速区的气体和尘埃相互碰撞后，就会形成只能通过红外线观测的弓形激波。弓形激波有点类似于音爆，当飞机或其他高速移动的交通工具移动速度超过音速时，就会发生音爆。通过红外线观测，我们可以看到弓形激波周围呈弧形扩散的波纹。

①译者注：双星系统是指由两颗恒星组成的天体系统。

[右侧图注]

蛇夫座云团

这张蛇夫座云团图片是斯皮策太空望远镜在2008年拍摄到的，这团由气体和尘埃组成的黑暗星云距地球407光年。在天蝎座和蛇夫座附近充斥着大量氢分子，也正是由于蛇夫座云团中蕴含着大量的氢分子，让它有机会诞生出新的恒星，X射线和红外线观测显示，正在这团星云中形成的新恒星超过三百颗。这张星云细部图展现了多种不同波长的光线，能为我们提供关于恒星温度和气体组成的详细信息。其中最年轻的恒星被气体团团包裹，还在不断成长。恒星进一步发展会变成蓝白色星体，彻底褪去外层包裹的气体和尘埃。在图片的中下方，很多新诞生的恒星聚集在稠密的气体云团中。体积超大散发着耀眼红光的心宿二，照亮了这片星云，心宿二的亮度是太阳的4万倍，距地球约520光年。蛇夫座云团发射出的光线，包含了所有已知波长的光线，但是由于气体的不透光性，即便是通过红外线观测，这片云团看起来还是很暗淡。

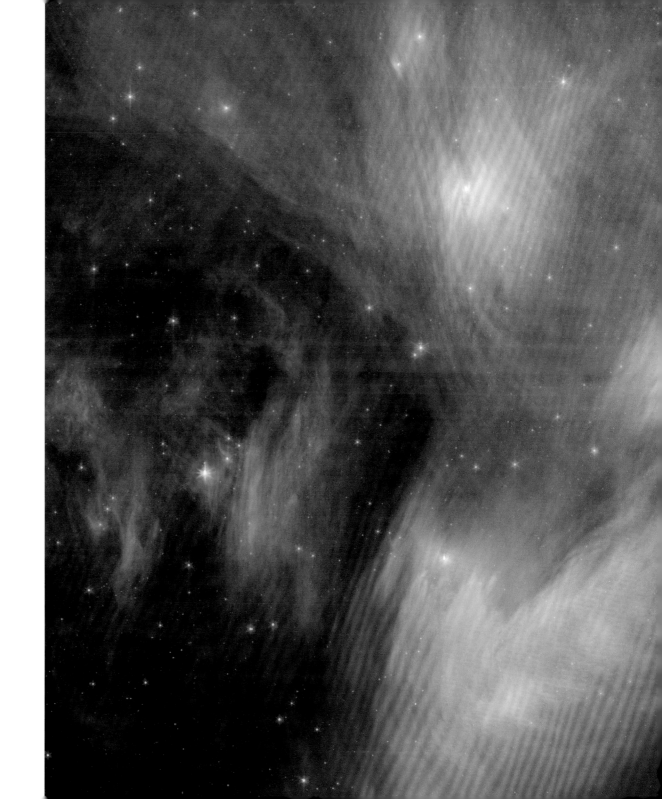

[左侧图注]

南冕座星团

南冕座是银河系中一个极度活跃的星座，在南半球可以观测到南冕座的身影。它距地球约420光年，其中的冠冕星团是一个不断诞生新恒星的区域。这是一张合成图，原始图片拍摄于2007年，通过捕捉X射线波段拍到了冠冕的样子，钱德拉X射线天文台捕捉到的是图中的紫色，斯皮策太空望远镜捕捉到的是橘色、绿色和蓝绿色。通过研究在这一地区捕捉到的不同波段的光线，科学家希望能更深入地了解年轻恒星的演变过程。

[右侧图注]

昴星团

这张昴星团（常被称为"七姐妹"星团）的图片，是斯皮策太空望远镜在2007年拍摄的。科学家们推测，昴星团中包含250至500颗恒星。著名诗人艾尔弗雷德·坦尼森曾用"像一团萤火虫在一条银色的穗带中纠缠明灭"来形容看到的昴星团。坦尼森的诗句形容得恰到好处，完美地呈现出了昴星团中星尘和星体的复杂和精美。我们也可以通过图片中缤纷的黄色、绿色和红色一睹昴星团的美貌，恒星周围的星尘就像一席半透明的面纱一样。昴星团位于400到500光年之外的金牛座，其中的恒星大约是在1亿年前形成的，而我们的太阳已经有50亿岁高龄了。科学家们认为，在开始自己的宇宙之旅前，我们的太阳也和那些恒星一样，曾和其他恒星一起聚集在和昴星团类似的星团中慢慢成长。这张照片还捕捉到了褐矮星发射出的红外线，褐矮星个体极小，温度也比一般的恒星低，只能发出微弱的光。

[左侧图注]

反射星云

反射星云之所以能被我们观测到，是因为它反射了附近的光源。这张反射星云DG129的红外图像是美国国家航空航天局的广域红外巡天望远镜在2010年拍摄到的。DG129位于天蝎座，距地球约500光年。它就像黑暗宇宙中伸出的一只手臂，天文学家们经常可以看到它的身影。

[右侧图注]

螺旋星云中的彗星尘埃

位于水瓶座的螺旋星云距地球695光年，看起来像一只巨大的眼睛。螺旋星云属于行星状星云。其实"行星状星云"这个名字取得有点不恰当，之所以会出现这样的差错，是因为早期的天文学家在发现行星状星云的时候，误以为发现了行星，因为这些星云和天王星以及海王星的大小、颜色和形状很相似。一颗恒星的生命走到尽头，这颗死亡恒星的残骸就变成了螺旋星云。恒星中的氢在聚变反应中变成了氦。当氦燃烧殆尽时，恒星就会死亡变成了白矮星。白矮星体积较小，但是密度和温度都很高，图片中央的小白点就是白矮星。恒星死亡的时候，气态的外壳会发生爆炸，爆炸残余物与其他气体、尘埃相结合，就形成了星云。这张图片是斯皮策太空望远镜在2010年拍摄到的。图片中的蓝色和绿色，是螺旋星云气态外层结构发出的红外光。"眼睛"中间位置的红色，是恒星死亡时最后爆炸的气层。中间相对明亮的红圈是环绕在白矮星周围的尘埃盘，这个尘埃盘的形成很可能是围绕恒星高速移动的彗星引起的。恒星的外层结构发生爆炸之后，围绕恒星运动的行星和彗星就会发生撞击，形成彗星和行星碎片雹暴。

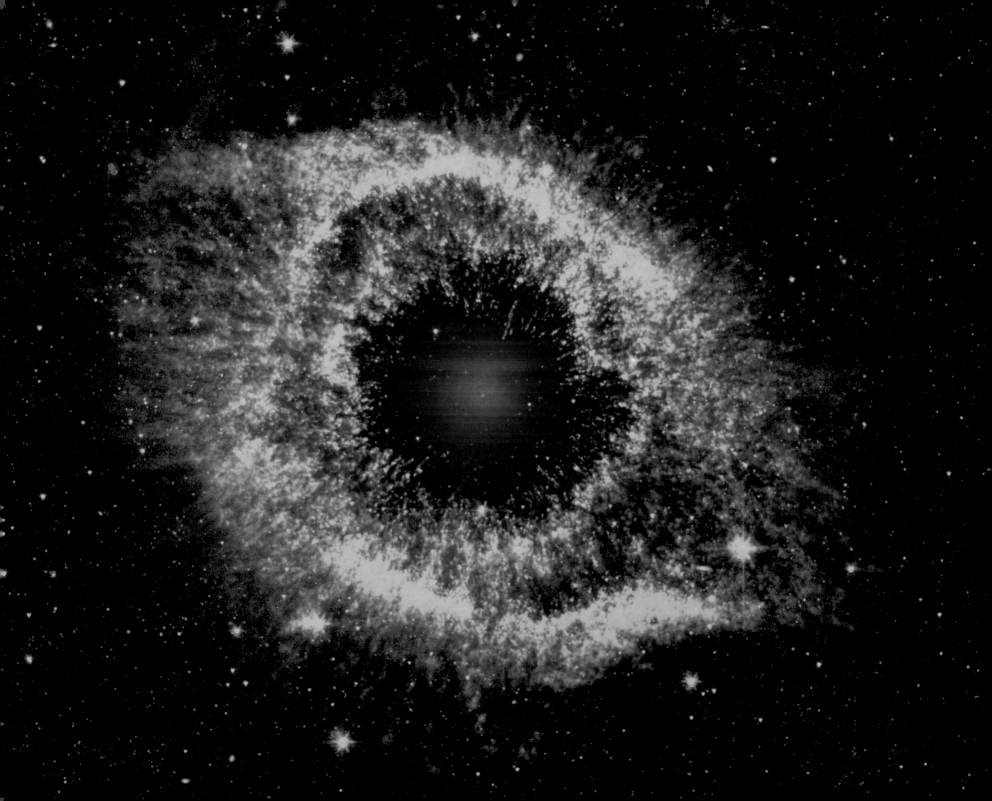

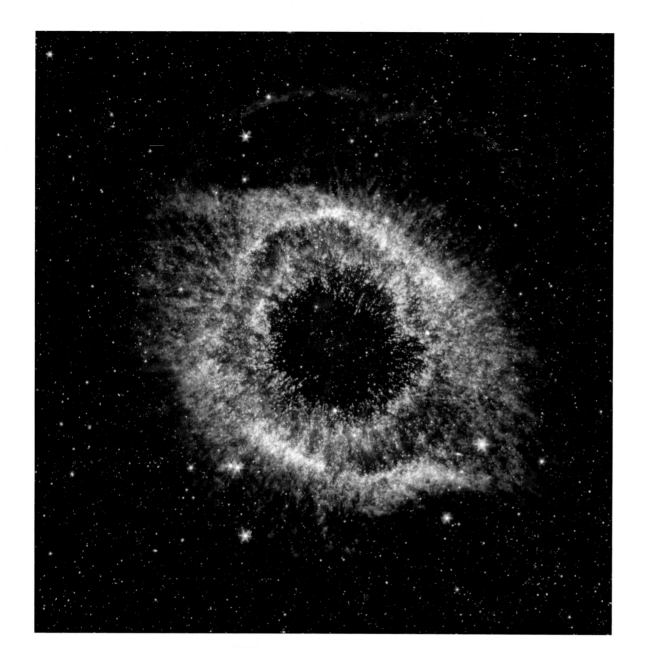

螺旋星云：上帝之眼

这张螺旋星云的图片是斯皮策太空望远镜在2007年拍摄到的。照片中，庞大的恒星在死亡时刻绽放出了最后的美丽。我们观测到的这片区域在太空中横跨了6光年。螺旋星云是距离我们最近的行星状星云之一。螺旋星云的中间区域看起来非常震撼，因此也被我们称为"上帝之眼"。从紫外光到红外光，在螺旋星云发出的光中任何波段的光都能被观测到。

螺旋星云的恒星内核

美国国家航空航天局的斯皮策太空望远镜和星系演化探测器，在2012年捕捉到了这张著名的螺旋星云影像。死亡恒星的外层物质被抛入太空，炙热的恒星内核向外释放紫外线辐射。星系演化探测器捕捉到了蓝色的紫外光，斯皮策太空望远镜捕捉到了尘埃和气体释放的黄色红外光。环绕在白矮星周围的尘埃盘将紫外光和红外光全都甩了出去，使得紫色的中心呈现出了一种跃跃欲出的姿态。

女巫头星云

虽然这片星云的正式名称是IC2118，但是大家更喜欢女巫头星云这个名字，你看它的轮廓是不是很像一个正在尖叫的巫婆。这张红外线成像图片是广域红外巡天望远镜在2013年万圣节前夕拍到并公布的。由于拍摄到的女巫头星云"举止"有些夸张，人们往往会忽略掉一个重要的事实——这里其实是大量恒星诞生的地方。女巫头星云位于波江座，距地球约900光年。女巫头星云主要是靠反射参宿七的光芒发光的，参宿七距女巫头星云约40光年（没有被拍摄到）。参宿七是一颗蓝色的超巨星（炙热耀眼，比我们的太阳大，但是比红巨星小）。参宿七是天空中第六亮的星体，是猎户座中最亮的。

猎户座星云

在1300光年之外的宇宙中，猎户座星云在我们眼中只是一块明亮的光斑，经常会被误认为是一颗恒星。猎户座星云位于猎户座"利剑"的中间。这团高温分子云虽然处在一片混沌之中，却是宇宙中的恒星孵化工厂。这里是距离我们最近的恒星"育儿室"，孕育着超过一千颗新诞生的发光星体。这张绚丽多彩的星云图片是合成图片，哈勃太空望远镜捕捉到了氢和硫发出的光（主要是图片中绿色和蓝色的漩涡），斯皮策望远镜捕捉到了多环芳烃分子（图片中红色和橘色的光束）辐射出的红外光，多环芳烃分子非常常见，烤糊的烧烤、各种废气中都包含这种物质。中心位置的巨大恒星吹出的高速恒星风引发了晕轮效应。图片中绿色和蓝色的斑点都是哈勃捕捉到的恒星，橘黄色的星星点点是斯皮策望远镜捕捉到的新生恒星。

猎户座四边形

这张猎户座图片是由哈勃太空望远镜在2004年至2005年间拍摄的520张图像的合成图。猎户座星云中孕育了上千颗新恒星,这张图片中包含了3000多颗。这些恒星隐蔽在各个角落以及尘埃和气体组成的巨大峡谷的裂缝中。星云中间是猎户座四边形,这片星云中的大多数恒星都聚集在这个位置。这个星团由A、B、C、D四颗主要的恒星组成,在这四颗主要的恒星周围,散落着大约1000颗和太阳大小相当的恒星。这四颗恒星辐射出了强烈的紫外光,抑制了周围那些体积较小被气体包裹着的恒星的发展。图片中左上角那块明亮的区域是HⅡ区(最近才出现的恒星形成区)。这片区域被一颗独立恒星耀眼的紫外线塑造成了图片中的样子。

褐矮星

千万别被"褐矮星"这个名字骗了,哈勃太空望远镜在2006年拍到的猎户座那些闪着微弱红光的星星确实是褐矮星,我们又称之为"衰亡的恒星"。猎户座中的大部分恒星以及褐矮星只能通过红外线成像捕捉到。褐矮星的重量约等于太阳的1%,体积小、温度低,已经无法维持内部的核聚变反应。在这张图片中,周围涌动的炙热气体和尘埃反射附近恒星的光芒而发出的光,比小型的褐矮星还要明亮。

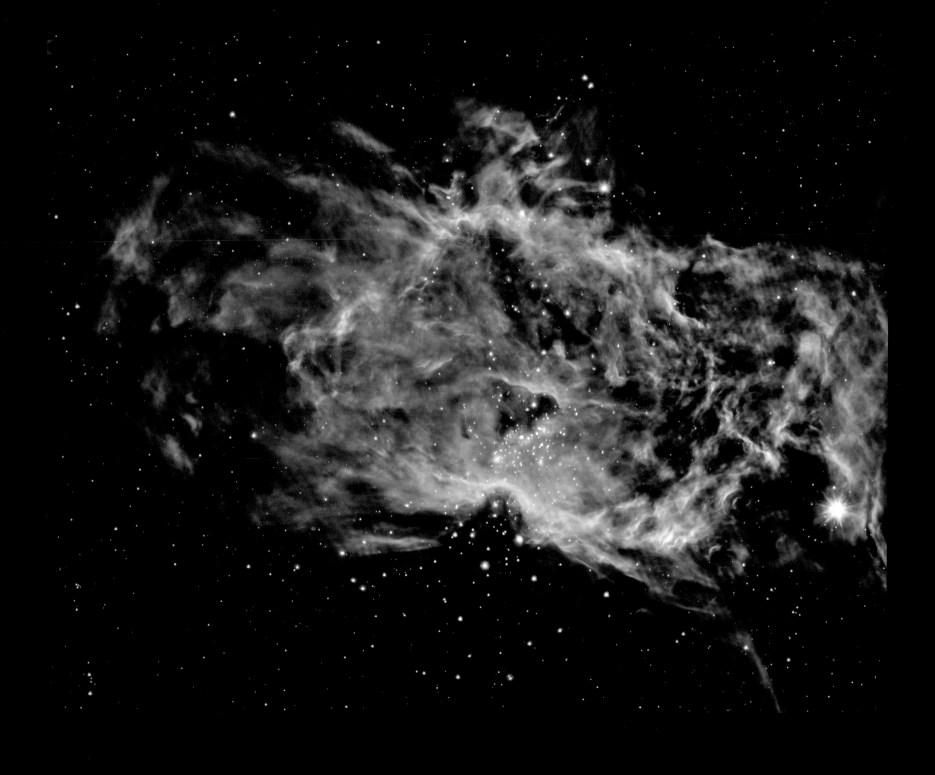

HH110：宇宙焰火

HH110属于赫比格-哈罗天体，简称HH天体。新恒星向相对的方向喷射气体，于是HH天体就诞生了。HH110距地球1500光年，是一团不停涌动的高温气态氢分子云。虽然人们常把HH110比作国庆焰火，其实它和黄石公园的"忠实泉"更像一些。这张合成图片的原始图片都是哈勃太空望远镜拍摄的，其中包括哈勃的先进巡天相机在2004年和2005年拍摄的照片，以及哈勃的广域照相机2011年4月3日拍摄的照片。HH天体形状各异，密度比焰火表演喷出的烟雾低数十亿倍。有时，HH天体会和冷气团发生撞击，这种情况和发生车祸差不多：前面的气流减速，后面的气流就会撞上去。冲撞导致温度上升，前端就会呈现出弓形并开始发光，这也就是我们称之为弓形冲击的原因。通过测定HH天体的速度、方位和喷射周期，可以帮我们了解HH天体源头的恒星。可惜，科学家们目前还无法确定位于HH110源头的恒星。

火焰星云中形成的恒星

这张美丽的合成图片展现的是NGC2024星团的容貌。NGC2024星团是火焰星云的一部分，火焰星云距地球1400光年，位于猎户座东侧边缘。火焰星云中的一颗恒星照亮了整个星云，这颗恒星的规模是太阳的20倍。但是，由于星云中漂浮着尘埃，使得这颗恒星比实际亮度暗淡了40亿倍，因此我们根本就看不见它。这张合成图片的原始图片是钱德拉X射线望远镜和斯皮策太空望远镜拍摄到的，NGC2024星团中间位置的恒星平均年龄只有20万年，边缘位置的是150万年。至于为什么会出现这种差异，学术界有多种说法。有些科学家认为，这是因为边缘地区的气体更稀薄，不可能形成新的恒星。还有些人认为，中心位置的恒星会随着时间的推移向外围移动而导致的这种现象。

[上图图注]

赫比格-哈罗34

这张带有两个喷流侧翼的小恒星照片，是斯皮策太空望远镜在2012年拍摄到的。在图片中，我们可以清楚地看到恒星中喷射出的波纹状绿色光线。右侧喷流辐射的是可见光，左侧是通过斯皮策望远镜的红外线设备探测到的，因为左侧的喷流被尘埃和气体组成的黑暗云团遮挡住了。赫比格-哈罗34位于猎户座，距地球约1400光年。较年轻的恒星朝相对的方向释放气体喷流，于是就形成了HH天体。被释放的气体喷流来自包裹在年轻恒星周围的气层。HH34的半径大约是三个天文单位（一个天文单位相当于地球到太阳的距离）。

[右侧图注]

海山二

这张照片是斯皮策太空望远镜在2005年拍摄的，海山二和周围的星体构成了这幅震撼人心的风景。海山二是船底座星云中最耀眼的恒星，它是一颗超巨星（质量是太阳的100倍，亮度是太阳的100万倍），同时也是银河系中最大的恒星之一，它发出的光让周围的星云都变得绚丽夺目。星云中的尘埃颗粒受到来自恒星的红外线冲击，在这些星际物质中制造出腔洞，让高密度的物质集合体重新回到恒星。在这张图片中，红色代表的是尘埃，绿色代表的是炙热的气体。1843年，海山二在一次假超新星爆炸中流失了很大一部分质量，之所以说是假超新星爆炸，是因为当时的爆炸规模并没有对海卫二造成实质的伤害。天文学家认为，在接下来的一百万年，海山二的核燃料会迅速耗尽，变成超新星。

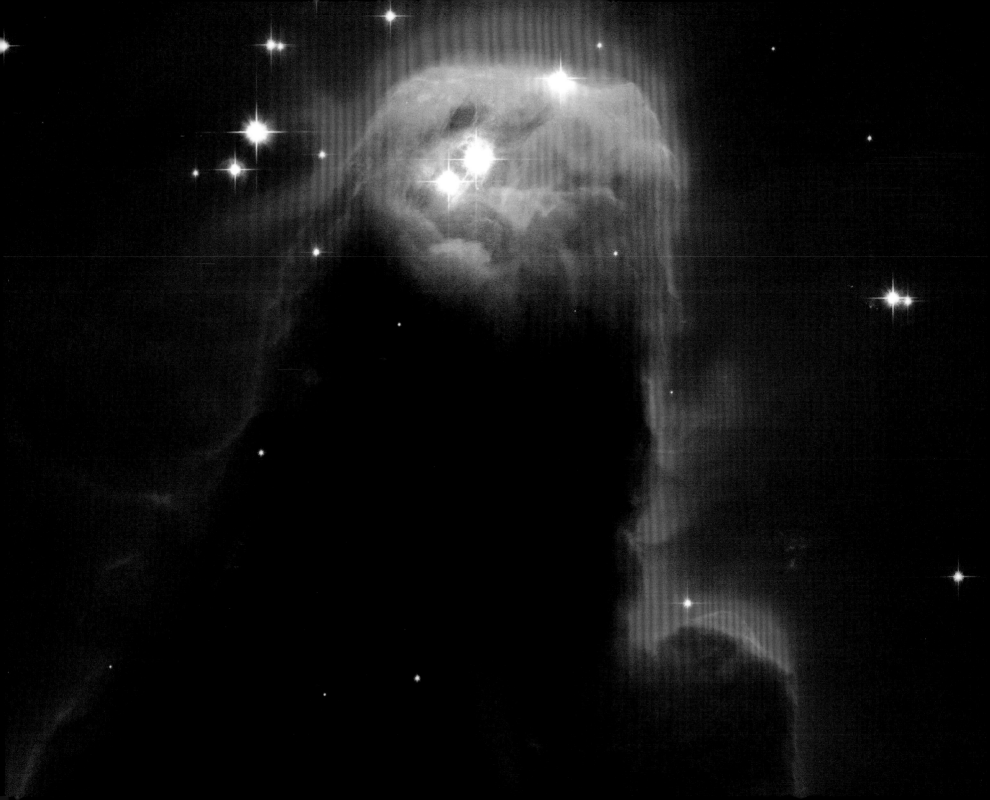

锥状星云

图片中深红色的射气是尘埃和气体漩涡造成的。这张锥状星云的图片是哈勃太空望远镜在2002年拍摄的。距地球约2500光年的锥状星云，隶属于麒麟座，位于一个非常活跃的恒星形成区。星云的上部横跨了2.5光年，相当于往返月球和地球2300万趟。淡蓝色的光是高密度的尘埃反射周围的恒星发出的，云团被紫外线加热，发出了红色的光。随着时间的推移，能留下来的只有锥状星云中最稠密的部分，其他星云都会被恒星风吹散。

［右侧图注］

雪花星团

这张圣诞树星团的照片是斯皮策太空望远镜在2005年拍摄的。圣诞树星团位于麒麟座，距地球约2600光年，得名于它那酷似圣诞树的三角形轮廓。雪花星团是这棵"圣诞树"上最特别的装饰，原恒星（新诞生的恒星）被浓密的尘埃掩盖了部分光芒，呈现出了美丽的粉色和红色，发出的蓝光被尘埃吞灭了。图片中的绿色代表的是和尘埃混在一起的有机分子，光芒来自附近新生的恒星。和雪花星团中的原恒星紧挨着的大块黄色斑点，是星云中正在成长着的大量恒星。这些恒星看起来就像车轮的轮辐，排列在原恒星之间。雪花星团的年龄只有十万年，经过时间的推移，这个车轮形状将不复存在，聚在一起的恒星会分开，继续各自发展。斯皮策太空望远镜的红外成像，让我们得以一窥圣诞树星团中主要恒星的容颜。

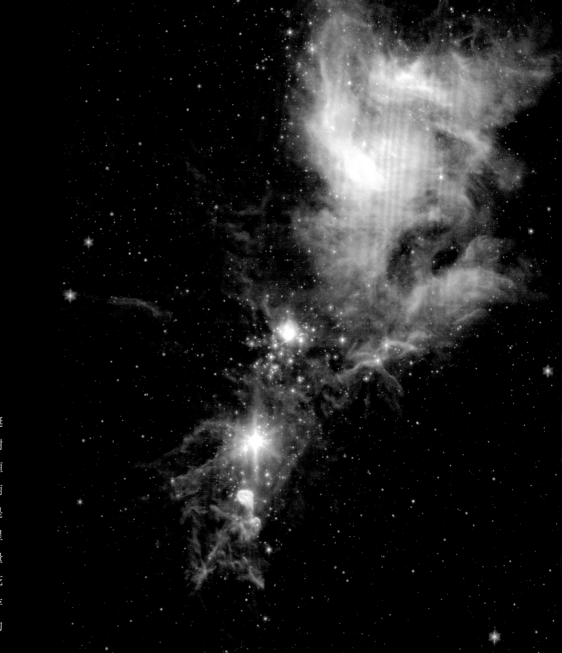

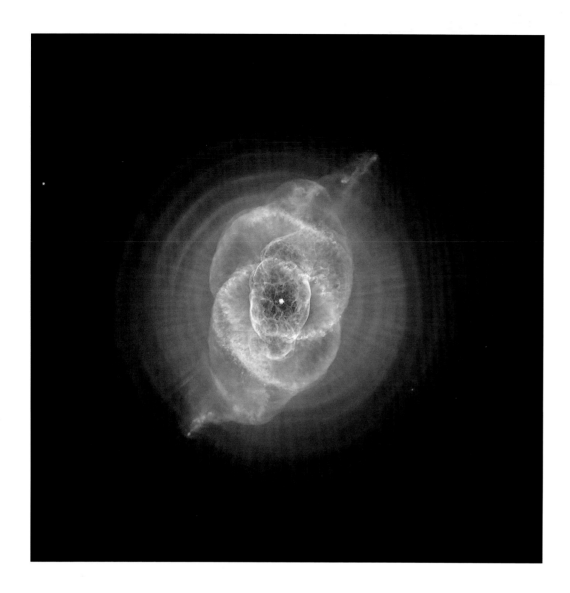

［左侧图注］

猫眼星云

2002年五月，哈勃太空望远镜拍到了NGC6543的图像。NGC6543即是距离地球3262光年的猫眼星云。闪着耀眼光芒的猫眼星云是一个行星状星云。一颗和太阳差不多的恒星向外喷射外层气体，从而形成了猫眼星云。为什么猫眼星云看起来如此与众不同，目前尚无定论。有些科学家认为，是中央恒星磁场活动作用的结果。另外一些科学家则认为，光环效果是汹涌的气体产生的波纹造成的。尽管成因无法确定，但是科学家们已经观测到猫眼星云正在急速膨胀。

［右侧图注］

天鹅座

　　这是美国国家航空航天局的广域红外线探测器在 2011 年拍摄到的图片。照片中天鹅座心脏位置的星云漂浮在夜空黑暗的泻湖星云中。天津一（Sadr）是一颗距地球 1800 光年的恒星。图片的左上方那个黄色光斑就是天津一，它正好处在天鹅座心脏的位置。这颗恒星极其耀眼，但是在这张图片中，它的光芒被周围的星云掩盖住了。天鹅座是一团巨大的发射星云，在附近高温恒星的作用下，散发出了耀眼的光芒。在这团星云中，有一条黑暗的裂缝，实际上那不是裂缝，而是"林德暗星云"。图片正中心上方，在那团像瓦斯一样的绿色星云中，夹杂着一团弧形的淡红色星云，这就是著名的新月星云。如果我们能用肉眼观测到天鹅座星云，你会发现，在地球上看起来，它只有月亮的四分之一那么大。

海鸥星云

2010年，广域红外巡天望远镜通过四个红外线探测器捕捉到了海鸥星云的图像。图片的视野范围为：宽度相当于月球的七倍，高度相当于月球的三倍。海鸥星云距地球3800光年。图片中心海鸥"眼睛"的位置有一个星团，那里是星云中最明亮最炙热的区域，周围尘埃发射出了红外光。当然，这片星云像不像海鸥，取决于你的视角，你也可以根据自己的理解，重新演绎这幅红外线图像。

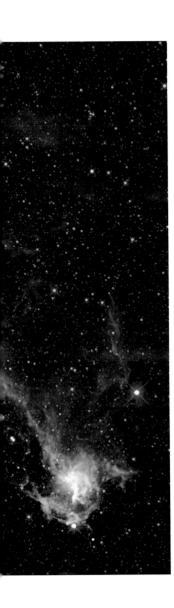

高速星王良二

高速星王良二是一颗非常庞大的超巨星，距地球约4000光年。王良二的高速运动，伴随着恒星磁场、粒子风以及看不见的气体撞击的作用，使得它的前方形成了弓形激波。斯皮策太空望远镜的红外线探测器记录下了高速星王良二的弓形激波（图片中蓝星周围的红弧），强有力的冲击使得弓形激波跨越了4光年的距离。这个距离相当于地球与离地球最近的恒星比邻星之间的距离。我们的太阳也有弓形激波，但是由于太阳的运动速度太过迟缓，因此根本探测不到。这张图片是2014年2月20日拍摄的。

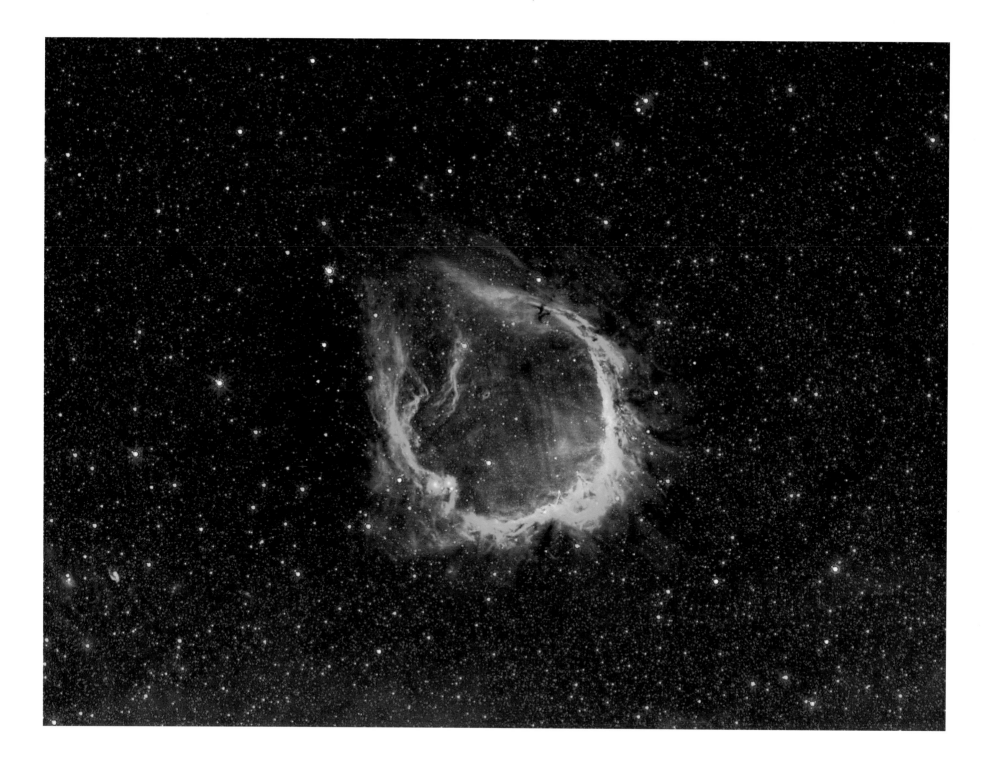

[左侧图注]

吹泡泡的恒星

位于天蝎座的RCW120星云，距离地球约4300光年。图片中翠绿色的区域是通过红外线探测到的。斯皮策太空望远镜在2011年6月14日拍摄到了这张图片，夺目的绿色光环是O型星的共同特点。我们普遍认为O星型的特点是炙热、蓝白色星体、质量大。当恒星风和星际尘埃发生撞击时，巨大的恒星周围就会形成一个光圈。图片中绿色的区域比红色的中心区域温度低一些，这里是恒星诞生的温床，也是恒星的坟墓。恒星气泡是恒星风吹出的气体形成的，这种现象很常见，即便不是专业的天文学家，只要有一台太空望远镜，你也可以参与到讨论中来，"银河系项目"是"宇宙动物园"推动的鼓励公众参与的天文学项目之一，有兴趣的志愿者可以通过宇宙动物园网站参与公共科学研究。

[右侧图注]

一条由气体和尘埃组成的毛毛虫

图片中这条由气体和尘埃组成的"毛毛虫"有1光年长，距地球约4500光年。附近的O型星吹出的强烈紫外线风让这些气体和尘埃看起来像一条毛毛虫。这个O型星（图片中没有拍到）是天鹅座OB2星系（注意，它和天鹅座星云是有区别的）中的一颗恒星，虽说是附近，与"毛毛虫"之间的距离也有15光年。这条"毛毛虫"其实是一颗正在形成的恒星，凭借吸收附近的气体不断壮大。随着气体和尘埃不断汇集，这颗恒星最终会成长到太阳的一到十倍那么大。之所以无法计算出最终的精确质量，是因为附近恒星吹出的紫外线风很可能会把这些正在聚集的气体和尘埃吹散，如果发生这种情况，新恒星最终的质量就会比预期的小很多。这张图片是由哈勃太空望远镜的先进巡天相机在2006年收集到的数据，以及地面上的牛顿天文望远镜在2003年收集到的数据合成的。

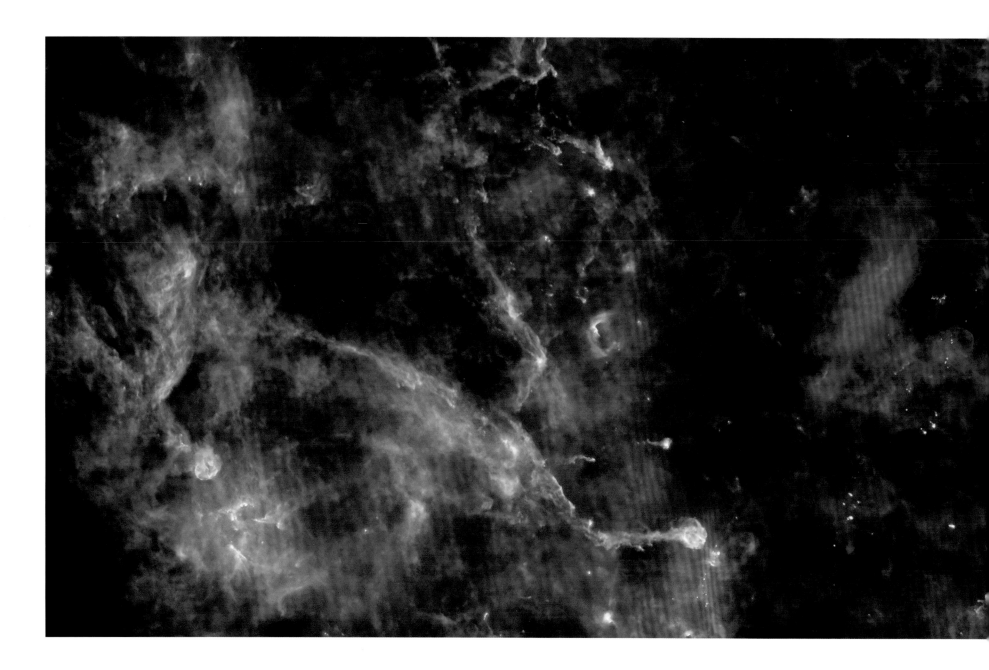

天鹅座-X

天鹅座-X是一个恒星形成区，距地球约4600光年。这里的原恒星数量相当惊人，与目前已知的最大分子云毗邻。这张图片是由赫歇尔空间天文台在2010年5月24日和12月18日拍摄到的照片合成的，图片中那些由气体和尘埃组成的庞大云团终有一天会变成新的恒星。由于星际尘埃会吸收这一地区发出的光，因此科学家们选择根据不同波长的电磁波进行研究，而不局限于可见光。赫歇尔空间天文台的远红外探测能力非常强，可以清晰地呈现出天鹅座-X这类的"恒星育儿所"的细节，是科学家们展开此类研究的有力工具。

[上图图注]

白矮星

梅西耶4号天体（简称M4）位于天蝎座，距地球约5600光年。这张图片向我们展示了目前探测到的宇宙范围内最古老区域的迷人风貌。M4是一个球状星团，其中有很多白矮星，还有一些在120亿到130亿年前形成的早期恒星。这张图片是哈勃太空望远镜在2002年拍到的，展现的只是这个球状星团的一小部分（只有1光年左右的跨度）。图片中白色的光斑是白矮星，白矮星其实很难被探测到。拍摄这张照片总共花费了67天的时间，用了8天时间才完成全部曝光过程。科学家们推测，这个充斥着尘埃和微粒的晕轮状星团在银河系形成之初就已经存在。恒星之间由于引力作用相互拉扯，这股力量不仅塑造了星团的形状，也让它变得更加致密。

[右侧图注]

水母星云

水母星云距地球约5000光年，与它的名字一样，它的形状像水母一样，看起来像个束状物，显得特别与众不同（由于是红外线成像，所以这张图片中的束状暗条不是很明显）。这张图片是美国国家航空航天局的广域红外巡天望远镜在2010年拍摄到的，照片中的物质是发生在5000到10000年前的爆炸产生的恒星碎片。图片中不同的颜色，代表红外线探测到的不同波长和能量。图片中心偏上的紫色是铁、氖、硅和氧气发出的光。下方比较稠密的青色区域，是氢气辐射出的光线。上方的紫色轮廓很有可能是高速激波造成的，下方的青色轮廓是低速激波造成的。

W3和W5分子云

这张图片拍摄于2013年，是"红外中银道面360度巡天计划"（简称Glimpse 360）取得的部分成果。这项计划的目的是为银河系绘制一张360度全方位的星空图。Glimpse 360计划要求斯皮策太空望远镜改变以往的观测方向，执行探测并记录360度银道面①的新任务。这张图片局部放大了W3和W5恒星形成区的巨分子云，该巨分子云距地球约6200光年，位于银河系的英仙座旋臂。分子云是由变成超新星的恒星残余物组成的。英仙座旋臂位于银河系中心远端，半径约10700秒差距②（或34898光年）。

①译者注：银道面即银道所在的主平面。银河系成员如恒星、尘埃云及气体等，绝大部分都对称地分布在这个平面的两侧。
②译者注：是天文学上的一种长度单位。

[左侧图注]

W5：恒星的摇篮

巨分子云W5是孕育恒星的摇篮，这张图片是美国国家航空航天局的斯皮策太空望远镜拍摄的。图片中，幽灵般的光圈笼罩着幽暗的腔洞，漂浮其中的蓝色光斑是诞生已久的恒星。嵌在朦胧暗淡区域的粉色光斑，是相对年轻的恒星。年迈恒星会喷射气柱，当这些气体逐渐冷却收缩之后，便会诞生出新的恒星。W5的跨距约2000光年，距地球约6500光年。

[右侧图注]

蟹状星云细节图

哈勃太空望远镜在2005年拍摄了这张图片，是迄今为止拍摄到的最精细的蟹状星云图片。这张图片由24次独立曝光的照片组合而成，每张照片的分辨率都尽量控制在最高水平。蟹状星云的长度约有5光年，距离地球6500光年，是夜空中最著名的超新星残骸。中国天文学家早在1054年就发现了蟹状星云的身影，超新星爆炸留下的残余物至今还在银河系中飘荡。爱尔兰天文学家威廉·帕森斯在1844年将这片星云命名为蟹状星云，因为他觉得这片星云看起来和螃蟹差不多，也有好几条腿。后来人们通过望远镜观察发现，蟹状星云和螃蟹一点都不像，但是名字却保留了下来。恒星爆炸会发出极其耀眼的光芒，这耀眼的光芒预示着恒星的死亡，恒星死亡之后会变成超新星，其余物质会被爆炸产生的冲击波推向太空。总的来说，超新星的形成原因可以分成两种：一种发生在双星系统中，白矮星从伴星那里汲取物质，当白矮星质量过重，就会发生爆炸；第二种情况是，恒星生命走向终结，就会变成超新星，不过只有质量巨大的恒星才能变成超新星（换句话说，我们的太阳是不会变成超新星的）。当质量巨大的恒星耗尽所有的核燃料，就会向中心塌缩。最终，恒星的核变得非常致密，引力作用导致恒星解体。一颗巨大的恒星发生爆炸，就像在茫茫宇宙中放了一束烟火，无比绚烂却又微不足道。

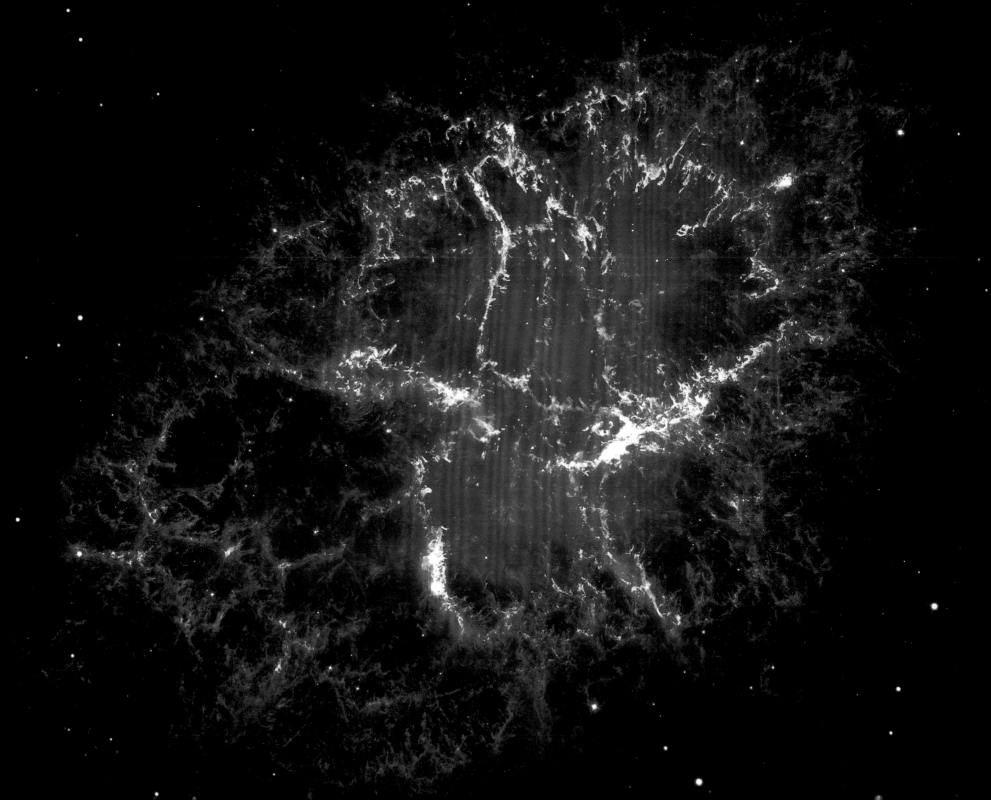

蟹状星云

这张蟹状星云的图片是由哈勃太空望远镜和赫歇尔空间天文台拍摄到的照片合成的。哈勃太空望远镜捕捉到的是星云发射出的可见光（图片中的蓝色），赫歇尔空间天文台捕捉到的是星云中的尘埃辐射出的远红外光（图片中的粉红色）。星云的核心是高速运动的中子星，带动蟹状星云中的尘云一起运动。

蟹状星云脉冲星

这团高能物质核心位置的明亮斑点是蟹状星云脉冲星，也是一颗中子星。中子星是宇宙中体积最小密度最大的星体。通常情况下，中子星的半径只有6英里（10千米），以每秒700转的速度高速旋转着。中子星的诞生就像星际中的凤凰涅槃，当一颗巨大恒星的内核坍塌变成超新星之后，才有可能形成中子星。在引力的作用下，质子和电子相互结合，中子星应运而生。蟹状星云脉冲星是星云中心一个神秘的射电信号源，1968年首次被人类发现。蟹状星云脉冲星中蕴含的能量是太阳的十万倍。一般的脉冲星只能观测到X射线和伽马射线，但是蟹状星云脉冲星几乎能观测到所有波长的光线，除此之外它还有一个与众不同之处，那就是蟹状星云脉冲星的磁极不是两个而是四个。天文学家认为，当这颗脉冲星在超新星爆炸的碎片中形成时，两个多出来的磁极无法正常工作。这张蟹状星云脉冲星的图片也是合成图片，原始照片拍摄于2005年，其中钱德拉X射线天文台捕捉到的是中心位置的亮蓝色（代表的是中子星和它的辐射物），哈勃太空望远镜捕捉到的是蓝紫色和绿色，斯皮策太空望远镜捕捉到的是图片中的红色。蟹状星云中心位置的蓝色区域相对较小，因为X射线比可见光和红外光频率更高。

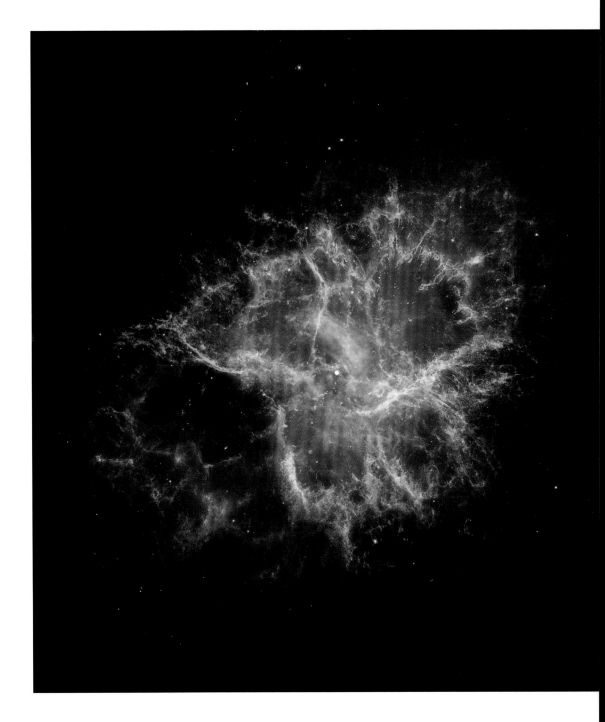

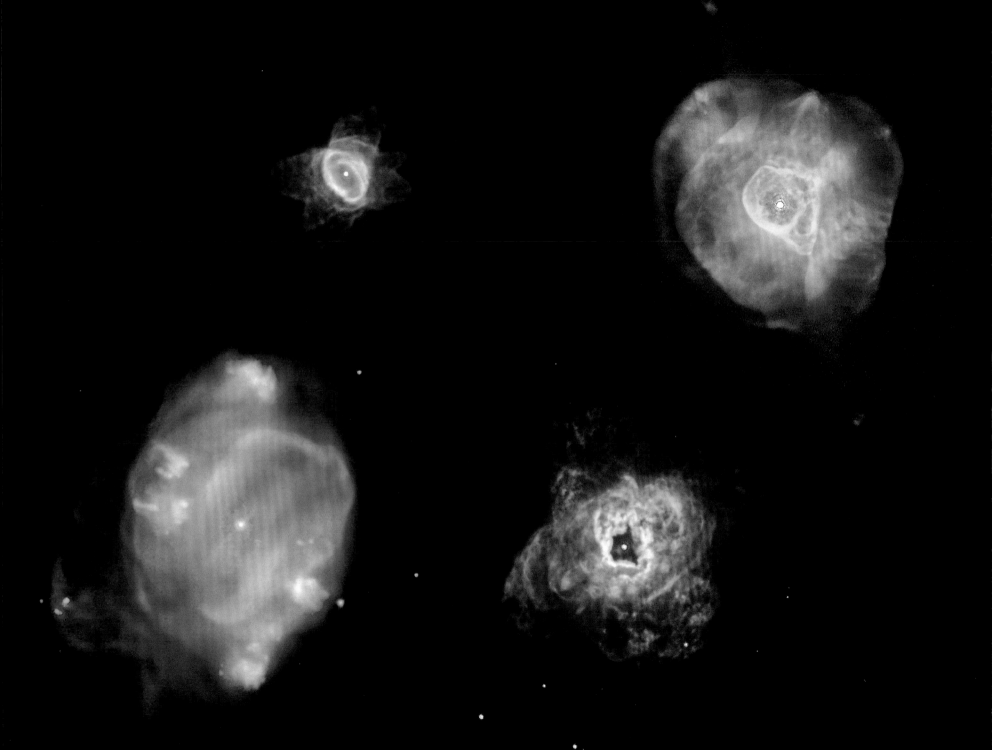

星云"四人组"

这幅星云"四人组"是一张合成图片。图片中的星云距地球都是7000光年左右，原始照片是由哈勃太空望远镜拍摄的。望远镜上的第二代广域和行星照相机（现在相机已经被替换）在2007年2月拍下了这些星云的照片。镜头中的星云形状各异，各有各的特色，化学演变过程也各不相同，让我们有机会了解与恒星死亡发展过程和物质残留相关的更多信息。位于图片左上角的是HE2-47（位于船底座），也被称为海星星云。海星的那几条"腿"说明，这片星云向外喷发气态物质的过程，至少发生过三次。图片的右上角是IC4593（位于武仙座），这片星云正从顶部和底部两端朝相反的方向喷射着气流，气流尾端发出红光的球状物是氮气。左下角的是NGC5307（位于人马座）看起来像一个不对称的漩涡，这种形态可能是由于正在走向死亡的恒星状态十分不稳定造成的。右下角的是NGC5315（位于圆规座），这片星云之所以呈现出了X的形状，可能是垂死的恒星朝两个方向喷射物质造成的。

船底座星云中的神秘山峰

这张图片中的风景美得如此不真实，就像凭空幻想出的场景。实际上，船底座星云中那种混沌的壮美比小说中虚构的场景还要出人意料。这片活跃的恒星形成区距地球约7500光年，作为恒星的摇篮，这里能为新生的恒星提供成长发展的一切所需，唯独缺少的便是平静祥和。在温度极高的新生恒星喷射出的离子态气流和带电粒子中，还能诞生更多的恒星。这张神秘山峰的图片是哈勃太空望远镜在2010年2月拍摄到的，图片中的神秘山峰实际上是星云中的大量气体和尘埃。图片中间的两束气流，看起来像两条飘扬在山顶的细彩带，这两束气流分别被命名为HH901和 HH902，是围绕恒星旋转的气体和尘埃盘喷射出来的。图片中的色彩代表的是不同的元素：图片中的蓝色代表的是氧元素，绿色代表的是氢元素和氮元素，红色代表的是硫。

疏散星团Pismis24

NGC6357星云位于天蝎座，距地球约8000光年。NGC6357中间部分的跨距达到了10光年，我们要介绍的疏散星团Pismis24就位于NGC6357星云中。疏散星团中有几颗质量超大泛着蓝光的恒星，这几颗恒星可以列位于迄今为止发现的质量最大的恒星之列。图片中，位于气态云团左侧，在一对双星正下方的发光体，是哈勃太空望远镜的第二代广域和行星照相机拍摄到的。这颗恒星正在向气体和尘埃中辐射放射物，形成的效果就像在水中滴了一滴墨水。在恒星风、辐射压、磁场和引力的作用下，这片星云最终形成了这样一幅奇幻的景象。图片中明亮的光芒是星云中离子态的氢释放出来的。

吃豆人星云

我们很难全面了解质量大的恒星，因为这些恒星周围总是被由气体和尘埃组成的云层包裹着。由于恒星本身比较活跃，周围的云层通常处在运动状态。NGC281星云也被称为吃豆人星云（因为这片星云和电子游戏中的吃豆人很像，但是从这张近景图中其实一点也看不出来），距地球约9600光年，位于银道面（银河系中大部分天体都位于银道面附近）之上1000光年的位置，我们可以清楚地看到它的身影。这张NGC281星云图是2011年合成的，其中的紫色是钱德拉X射线天文台收集到的X射线，红色、绿色和蓝色是根据斯皮策太空望远镜观测到的红外线。紫色区域中的气体温度高达一千万华氏温度。

仙后座A

哈勃太空望远镜在2002年拍摄到的这张照片是距地球11000光年的仙后座A的遗迹。看到这张图片的时候，有人会联想起游行队伍中飘扬的彩带，有人会想到怒放的烟火，但是这幅看似欢庆的场景掩盖了这颗恒星真正的命运。仙后座A曾经是一颗质量超大的恒星，在11000年前变成了一颗超新星，爆炸产生的光芒直到17世纪才传到地球。仙后座A爆炸之后形成的超新星是银河系中最大的超新星之一。当仙后座A还是恒星的时候，它的质量比我们的太阳还要大20倍。但这并不是一件值得庆幸的事，这么大的恒星很难维持自身的平衡，会迅速走向死亡。这种规模的恒星，核燃料的消耗速度比太阳快1000倍。但是它们的死亡是有价值的。包括我们所在的太阳系在内的很多恒星系统，都是在超新星爆炸产生的碎片中诞生的，恒星的死亡总是伴随着新恒星和行星的诞生。

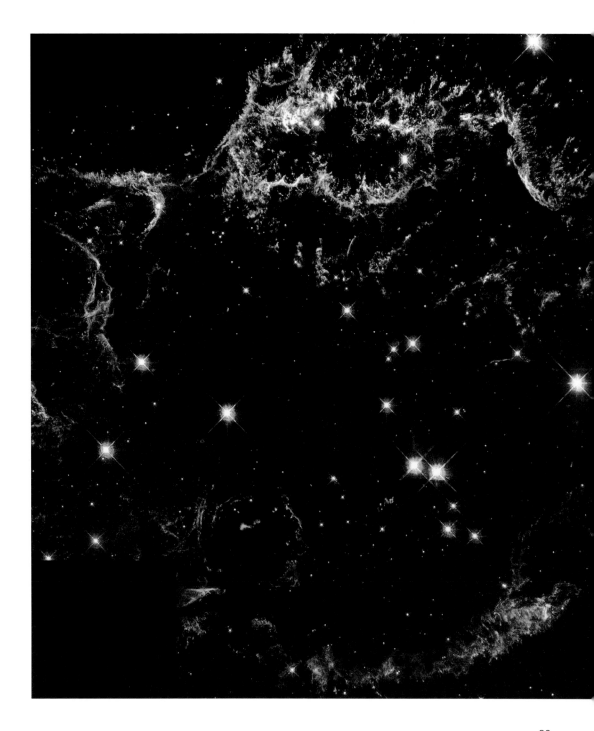

仙后座A：超新星冲击波

在大约11000年前，质量超大的超巨星仙后座A塌缩成了一颗中子星，恒星的外壳在爆炸过程中形成了超新星。据计算，大约在330年前，也就是1667年前后，地球上的人们见证了爆炸时的闪光，只是如今找不到相关记载。1947年的时候，人们探测到了这颗超新星释放出的射电辐射，直到今天，这颗超新星释放出的射电辐射仍是天空中最亮的射电源。广域红外巡天望远镜在2012年拍下了这张照片，图片中绿色的云层就是超新星爆炸产生的冲击波。冲击波在宇宙中蔓延的过程中，让周围的一切都迅速升温。这股冲击波以11000英里（17703千米）每秒的速度迅速蔓延，至今已经覆盖了方圆21光年的范围，超新星辐射出的光芒已经穿越了300光年。

泡状结构分级

这张红外线成像图片是美国国家航空航天局的斯皮策太空望远镜在2013年拍摄的。图片中的现象是银河计划的志愿者发现的，银河计划是一项全民参与的科学计划。图片中暗淡的中心区域是一个大泡泡，这个大泡泡是大质量的恒星团排出气体时形成的。能量爆炸会在星际尘埃中形成空洞（大泡泡西南端的两个黄色光斑），由此会在附近形成一系列的小泡泡。喷出的这些气体触动了形成新恒星的阀门，新恒星也开始向太空释放气体，吹出自己的泡泡。

[上图图注]

超新星遗迹

图片中的这条彩带是哈勃太空望远镜拍摄到的。这条细长的超新星遗迹，是一颗在1000多年前发生爆炸的恒星留下的碎片，图片中的发光带是冲击波和附近的气体发生碰撞的地方。SN1006早在1006年就被亚洲和非洲的天文学家观测到过。爆炸所产生的白矮星位于7000光年之外，曾经是人们眼中最亮的星体。在光芒褪去之前，一度比金星还耀眼。20世纪60年代，天文学家发现了这颗超新星的环形遗迹（不可见，只能通过射电望远镜探测），天文学家记录下它的行踪时，发现它的角直径①和月球一样。物理学家根据遗迹的大小，推算出超新星的冲击波在过去的1000年间，以2000万英里每秒（3219万千米/秒）的速度扩散。超新星遗迹的直径长达60光年，星际间的气体和尘埃降低了冲击波的传递速度，如今的扩散速度下降到了600万英里（966万千米）每小时。这张图片是由先进巡天照相机在2006年拍摄的照片和第二代广域和行星照相机在2008年4月拍摄到的照片合成的。

①译者注：角直径是以角度做测量单位时，从一个特定的位置上观察一个物体所得到的"视直径"。

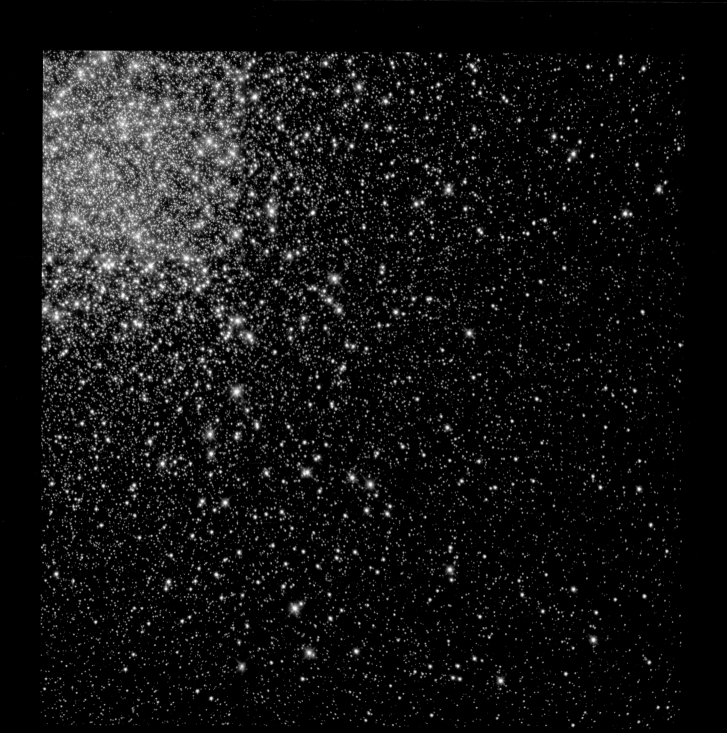

杜鹃座47

球状星团杜鹃座47距地球约15000光年。星团中的恒星年龄达到了上百亿年，通过对它的研究，我们有望了解宇宙原始时期的物质组成。图片中红色的星体是红巨星，它们即将走向生命的尽头；黄色的星体和我们的太阳一样正值中年；闪闪发光的蓝色星体预示着这个古老的星团还在孕育着新的恒星。这张图片是哈勃太空望远镜的第二代广域和行星照相机在1999年拍摄的，人们看到这张图片时，总会想起繁华都市中的灯火辉煌。但是，这片星团中除了恒星什么都没有，也许是炙热的高温和严酷的环境让行星没有立足之地。

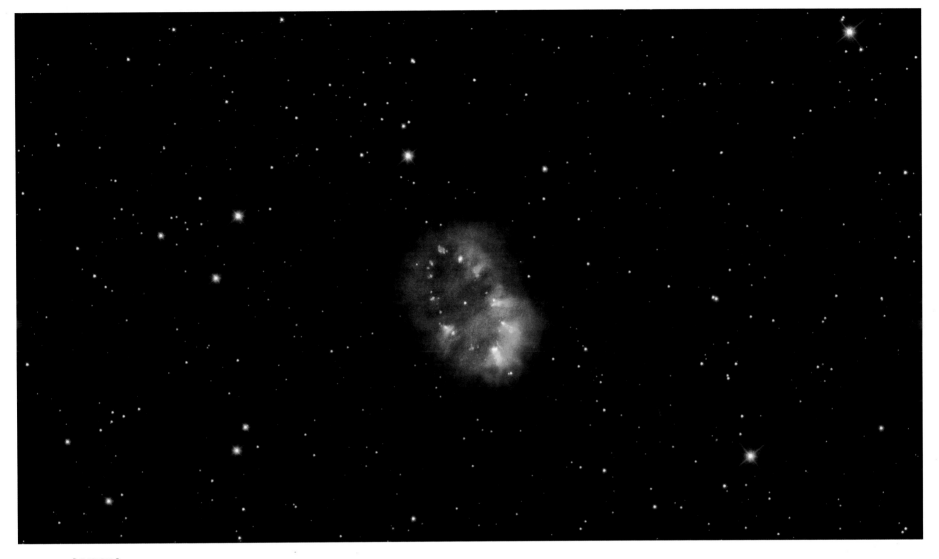

［上图图注］

项链星云

这张图片是哈勃太空望远镜上的第三代广域照相机在2011年拍摄到的。位于天箭座的项链星云是一个行星状星云，距地球约15000光年。项链星云是地面上的牛顿望远镜在2005年通过H-α线巡天研究行星状星云时发现的。行星状星云由恒星的残余碎片组成。再过5亿年左右，我们赖以生存的太阳将走向生命的尽头，到那时候，它也会化作一片行星状星云。项链星云的形成，源于一颗巨星恒星和一颗太阳大小的恒星的近距离接触。残存的星体会继续旋转交缠，恒星外层碎片剥落并形成星云的过程很可能发生在1万年前，如今这两颗恒星已经无法分出彼此。测量结果显示，项链星云最宽的部分有9光年。

[P96图注]

麒麟座V838

这张标志性的图片是哈勃太空望远镜的先进巡天照相机在2004年2月8日拍摄的。人们常把
这张图片和梵高作品中令人目眩的漩涡放在一起相提并论。由尘埃组成的光圈，穿越了上
万亿英里的光线，共同组成了这幅前所未见的景象。尘埃和光线环绕在麒麟座V838周围，
这颗红超巨星距地球约20000光年，已经接近银河系的边缘。2002年的时候，这颗超巨星
的亮度在几个月的时间内突然提升了好几个等级，上升到了太阳的60万倍。这种光度突然
增加的现象也被称为回光，这次回光现象虽然是在2002年被观测到的，实际上很可能发生
在数万年前。

[P97图注]

回光

哈勃太空望远镜在2005年拍摄的这张照片是麒麟座V838周围的尘埃和空气漩涡流产生的
回光。闪光被尘云折射，闪光过后，周围的一切被光照亮，这就是回光现象。恒星发出的
光芒经过尘云折射，周围的气体和尘埃就会呈现出发光的状态，并照亮附近的天体。光线
继续在尘云中不断折射，闪光发生之后很长时间，这种光的"回声"才会传递到地球。亮
度突然增加，并非星体爆炸或外层结构解体造成的，而是星体体积突然膨胀，表面温度迅
速下降到和一般家用灯泡的温度差不多。通常，当恒星走向死亡，状态不稳定时，才会出
现这种状况。在这种情况下，我们才有机会看到这种意想不到的壮观景象。

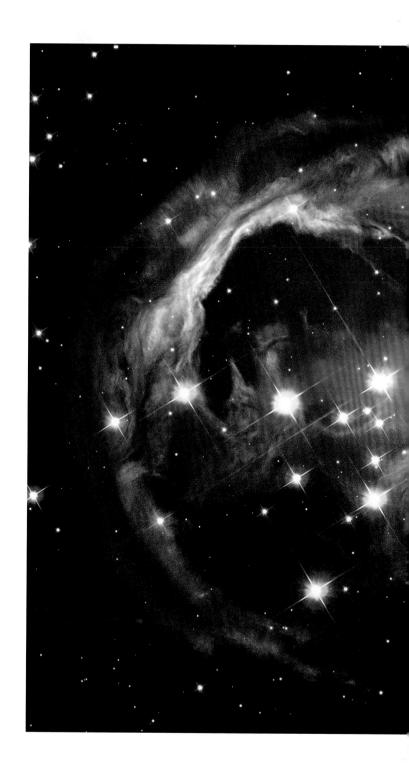

NGC3603

这张NGC3603星团的图片，是美国国家航空航天局的广域红外巡天望远镜通过捕捉红外光和可见光在2010年拍摄到的。NGC3603星团位于银河系的"船底座"旋臂中，约翰·赫歇尔爵士在1834年首次发现了它的身影。NGC3603星团距地球约20000光年，覆盖的范围跨越了17光年。星团中的高质量恒星，密度和温度都非常高，周围环绕着释放红外线的云团。将来的某个时间，这个星团将会被超新星撕裂。

球状星团

这张梅西耶13号球状星团（简称M13）的图片是利用哈勃太空望远镜拍摄到的照片合成的。M13位于武仙座，距地球约25000光年。这个星团至少孕育了10万颗恒星，这些恒星紧密地聚集成了一个圆球形，在北部天空中闪闪发光。人们常用雪球或萤火虫汇集地比喻这幅场景。由于这里的引力场异常强大，所以整个地区显得非常稠密，这里的恒星永远不可能脱离这个地区。星团核心区域的密度是周围区域的100倍，以至于这里的恒星会发生碰撞，形成我们称之为蓝离散星的新恒星，蓝离散星是星团中温度最高的恒星。我们的银河系中总共有将近150个球状星团，M13只是其中之一。球状星团中潜藏着宇宙中最古老的恒星，这些恒星很可能比银河系形成的时间还早。这张图片是根据1999年12月、2000年4月、2005年8月和2006年4月收集到的数据合成的。

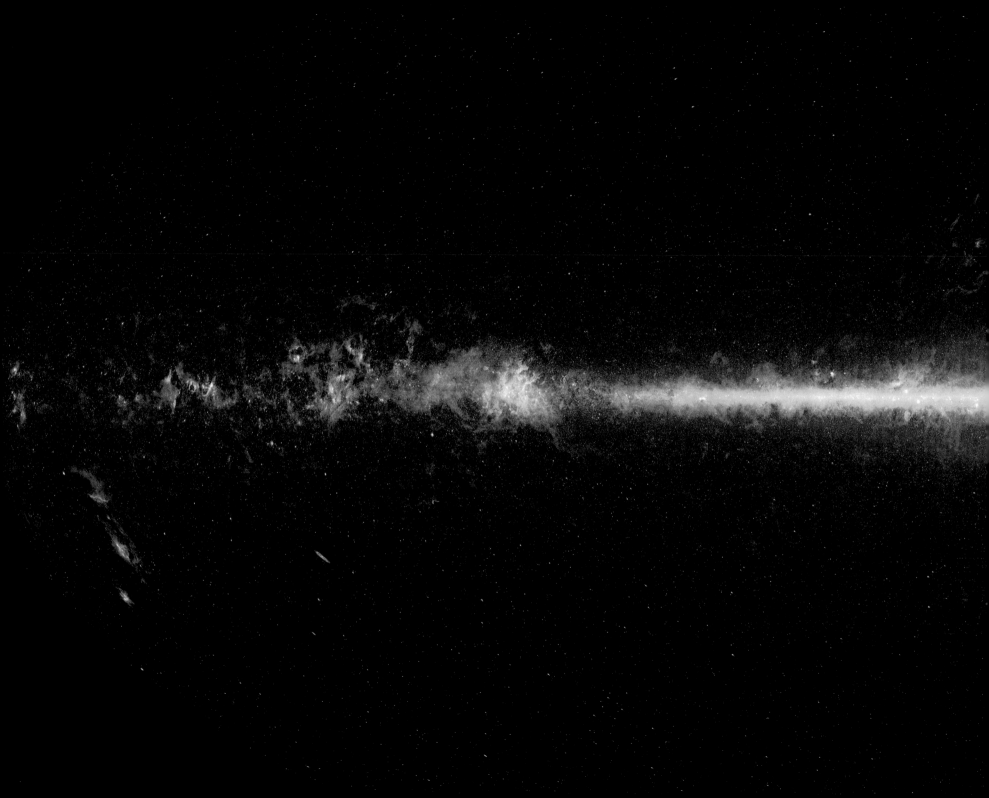

［上页图注］

银河图

广域红外巡天望远镜在2012年完成了这张太空平面图的拍摄工作，工作人员根据太空望远镜捕捉到的信息，制作成了二维平面图。在二维平面图的制作过程中，天空中立体的星体（站在地球上看的天空）被压平放进了椭圆形的太空图中，同时，将天空中的天体一一排列到椭圆形的星空中，于是就形成了我们看到的这张照片。拍摄照片的望远镜在地球大气层之上326英里（525千米）处。直到 2011年2月之前，广域红外巡天望远镜一直在积极地搜寻着天空中的天体，在此之后便进入了休眠期。在这张图片中，盘形的银河系像一个水平的带状物横跨在星空图中央，星空图的中心是还在持续增长的恒星团（蓝绿色），这里也是银河系的中心。小行星和彗星没有在图片中展现，但是一些缓慢移动的高亮度天体还是保留了下来，比如部分行星。图片中间正上方一点方向、两点方向和七点方向的红色斑点分别是土星、火星和木星的身影。

［右侧图注］

银河系尘埃

由于银河系中的尘埃浓度很高，一般情况下我们很难看到银河系的中心，至少无法通过可见光观测到。斯皮策太空望远镜在2006年通过红外线设备捕捉到了距地球25000光年的银河系中心的画面。图片中的红点代表的都是一颗颗恒星，亮斑代表的是恒星形成区。其中就包括五胞胎星团（中心偏左，图片中最亮的中心区域左侧的一颗光斑），五胞胎星团由大量走向生命周期尾声的双子星产生的尘云构成。图片中心最亮的区域就是银河系的中心，在那里有一个环形的尘埃盘围绕着一个超大质量的黑洞旋转。

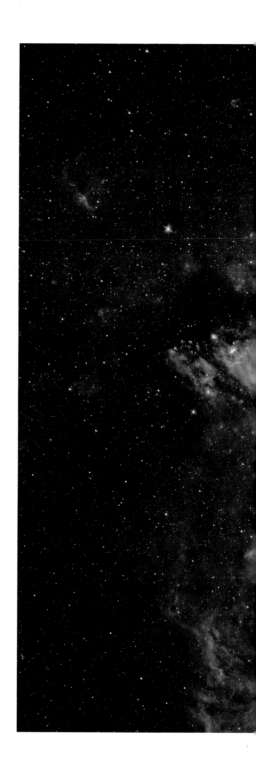

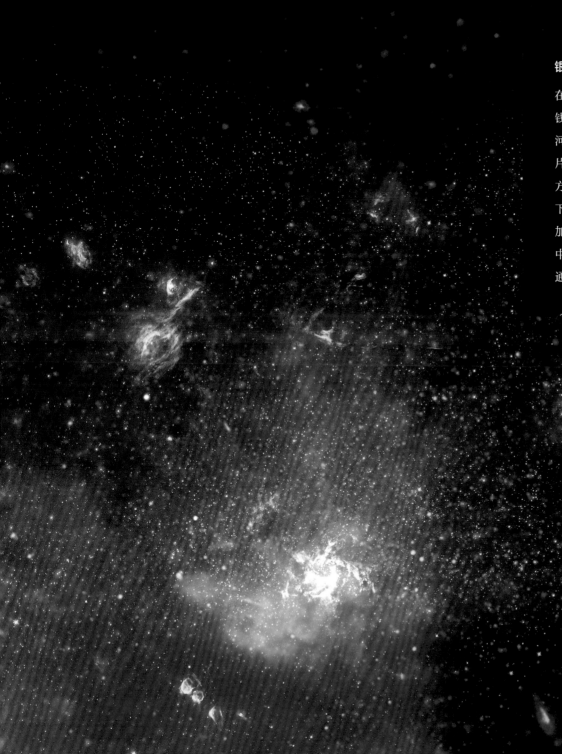

银河系的银心

在制作这张银河系中心区域的图片时，哈勃太空望远镜、斯皮策太空望远镜和钱德拉X射线天文台都贡献了各自的力量。2009年的时候，科学家发现我们的银河系核心区域异常活跃，活跃的地方就在图片中心偏右泛着白光的区域中。图片中的黄色区域是哈勃太空望远镜上的近红外探测设备捕捉到的图像，这些地方是恒星形成区。图片中的红色区域是斯皮策太空望远镜通过红外线成像记录下的被恒星照亮的尘云。蓝色和紫色区域是钱德拉X射线天文台拍摄到的，是被加热的气体辐射到的区域，这些高温气体中富含的大量化学物质，来自银河系中心巨大黑洞的边缘。在图片的左侧，那团蓝色的天体（之所以呈现蓝色，是通过X射线观测的结果）是一个双星系统，其中很可能潜藏着一颗中子星。

牡丹星云

在临近银河系中心，距地球约25000光年的地方，有一颗牡丹星云恒星，我们姑且称之为牡丹之星。牡丹之星是银河系中第二亮的恒星，斯皮策太空望远镜在2008年首次发现并拍下了它的照片。这颗耀眼的恒星在图片中只是一颗位于中心位置的粉红色小斑点，就是这么一颗小斑点，实际的亮度却相当于320万颗太阳，辐射出的光线和470万颗太阳相当。牡丹之星之所以无法普照苍空，是因为它辐射出的光线被牡丹星云中的稠密气体吸收了。

蜘蛛星云

2012年，钱德拉X射线天文台拍摄到了这张剑鱼座30号星云的彩色照片。剑鱼座30号星云也被称为蜘蛛星云，蜘蛛星云的束状臂看起来很像细长的蜘蛛腿。蜘蛛星云那些发光的束状臂是大量气体发生爆炸时形成的。合成图片中的蓝色代表的是活跃的高能星体辐射出的X射线。蜘蛛星云位于129800光年之外的大麦哲伦星云，大麦哲伦星云是天空中三大肉眼可见的星系之一。大麦哲伦星云的中央核心区有2400颗超大质量的恒星，这些恒星在超新星爆炸产生的上百万度高温的气体中形成。

[左侧图注]

位于蜘蛛星云的R136

这张飘缈的蜘蛛星云照片是哈勃太空望远镜拍摄到的。在这张图片中，我们可以看到蜘蛛星云里面的区域，R136就坐落在这个位置（图片中心上方闪着蓝光的星团）。R136中有很多比太阳重100倍的年轻大质量星体。R136中的恒星形成于200万年前，这些恒星辐射出的紫外线照亮了整个星系。由于R136星团辐射出的恒星风产生了极大的压迫力，导致星云中的气体塌缩，新的恒星就此应运而生。这是一张合成图片，原始照片是哈勃太空望远镜的第二代广域和行星照相机在1994年1月和2000年9月间拍摄的，拍摄的时候用了好几种滤镜。R136中的炙热恒星在图片中呈现出的是蓝色，绿色区域的高亮度气体的能量也来自R136星团。图片中的粉色区域是受到恒星风气冲击的气体云团。红棕色区域是尘云中温度相对较低的部分，温度低是因为这些区域没有直接暴露在高温辐射之下。

[右侧图注]

蜘蛛星云中的成年恒星

位于大麦哲伦星云的蜘蛛星云也许是附近区域内最大的恒星形成区，其中有很多由气体组成的星云，释放出了大量紫外线辐射，整个区域异常活跃。蜘蛛星云之所以如此活跃，是因为它离银河系的另一个邻居小麦哲伦星云比较近。这张合成图片涵盖了紫外光和可见光，展现了星云中最耀眼的恒星形成区，也就是图片中心右侧发出蓝色光芒的R136星团。图片中的区域跨越了100光年，其中包含了宇宙中运行速度最快、最炙热、能量最高的恒星，这些恒星的年龄在200万到2500万年之间。高密度的R136是另一个更大的星团NGC2070的内核。这些恒星辐射出的紫外线，把星云中的气态物质雕塑成了令人敬畏的形态，新的恒星在冲击之中诞生。用于合成这张图片的原始照片是哈勃太空望远镜在2009年10月20日到27日之间拍摄到的。

NGC2070

NGC2070星团是蜘蛛星云中最活跃的恒星形成区之一。我们熟知的很多大质量恒星都是在这里诞生的。这张图片是根据哈勃太空望远镜记录下的信息和欧洲南方天文台从地面收集的信息合成的。图片中的色彩代表着高温气体统治的区域：图片中的红色表示的是氢气，蓝色表示的是氧气。位于图片中心左侧的明亮星团中有50万颗超大恒星，周围气态云层的形态就是拜这些恒星吹出的恒星风和紫外线所赐。这个星团离地球的距离不算太过遥远，足以让我们分析出各颗恒星的物理属性。

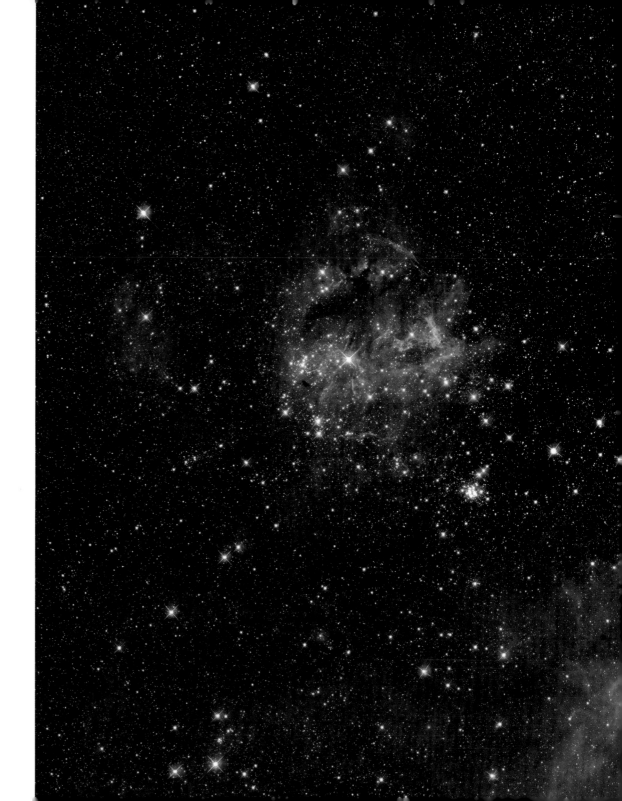

霍奇301

位于170000光年之外的霍奇301位于大麦哲伦星云中的蜘蛛星云，这张图片是哈勃太空望远镜在2011年10月拍摄到的。这个星团的年龄在2000万到2500万年之间，是红超巨星的游乐场，红超巨星是宇宙中体积最大的恒星。在霍奇301中，随时都会有新的恒星诞生，但是由于被超新星爆炸产生的浓密气体团团围住，所以我们无法看到它们的身影。

大麦哲伦星云

这张精美绝伦的大麦哲伦星云的红外线图像是赫歇尔空间天文台和美国国家航空航天局的斯皮策太空望远镜在2012年拍摄的。它在图片中盘旋的形态就像爆炸中着火的羽毛飞旋而出，实际上是扩散到宇宙中的尘云扩散到了数百光年之外。图片中心和中心左侧的明亮光斑是恒星形成的地方。图片中的红色和绿色（赫歇尔空间天文台拍摄到的）是星系中最寒冷的区域，最热的区域是泛着蓝光的部分（斯皮策太空望远镜拍摄到的）。距地球约163000光年的大麦哲伦星云是一个矮星系（由数十亿颗恒星组成的小星系），同时也是银河系的卫星星系。

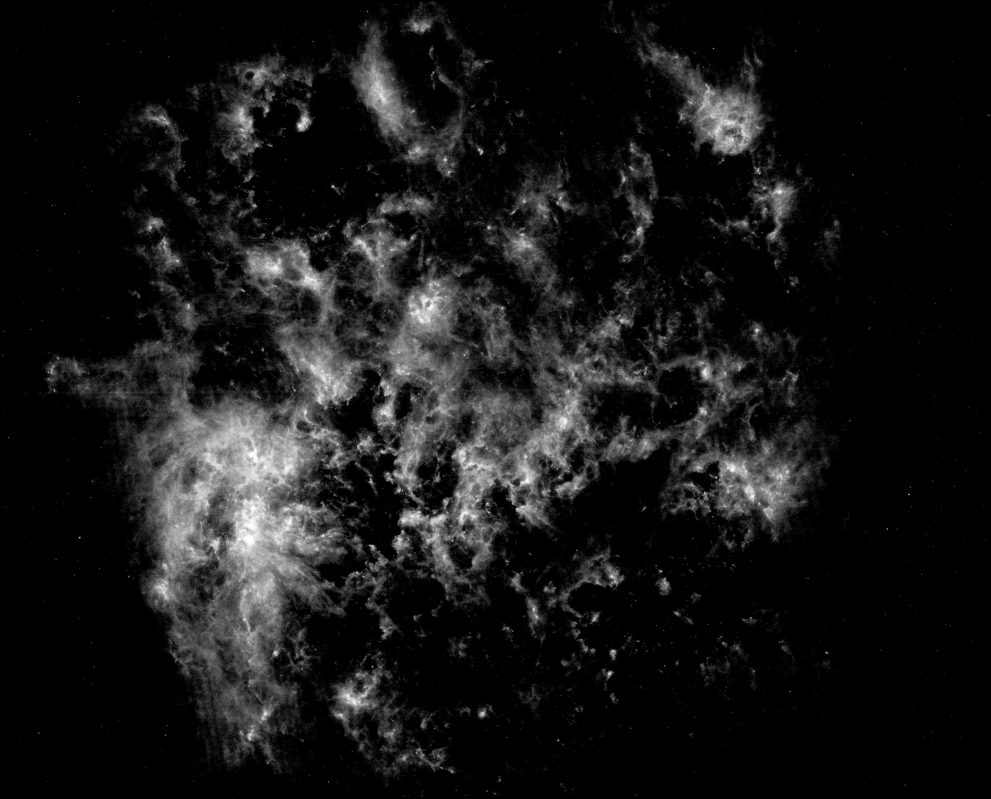

小麦哲伦星云

小麦哲伦星云是一个矮星系，位于银河系一侧，距地球约210000光年。虽然相距甚远，但是小麦哲伦星云发射出了极其耀眼光芒，只要我们站在赤道位置，就能清楚地看到它的身影。在地理大发现时期，海上航行的人们会依靠小麦哲伦星云指引方向。科学家认为，小麦哲伦星云是一个支离破碎的星系，其中蕴藏着形成更大星系的基础物质。一般情况下，大型星系距离我们太过遥远，离我们较近的小麦哲伦星云正好给我们提供了一个观察大型星系乃至宇宙物质组成的机会。钱德拉X射线天文台最近收集到了小麦哲伦星云中和太阳大小的恒星释放出的X射线。2013年合成的小麦哲伦星云之翼的图片中这个区域中的恒星蕴藏的金属元素比银河系少，气体和尘埃量也比银河系少。图片中的紫色代表的是钱德拉X射线天文台收集到的数据，红色、绿色和蓝色代表的是哈勃太空望远镜收集到的可见光信息。斯皮策太空望远镜收集到的红外线数据也是通过红色表现的。

NGC346

NGC346位于小麦哲伦星云。哈勃太空望远镜在2005拍摄的这张图片把焦点放在了NGC346中的一组小恒星上。NGC346中的恒星含有少量重元素，这些重元素很可能是恒星聚变过程中产生的。这张图片中总共有70000颗恒星，其中2500颗处于婴儿期，最年长的恒星和太阳年龄相当，形成于50亿年前，相对年轻的恒星普遍形成于500万年前。刚诞生不久的恒星位于两条由气体和尘埃构成的狭长地带（跨越蓝色的云团，从西南角到东北角的对角线和从西北角到东南角的对角线上）。

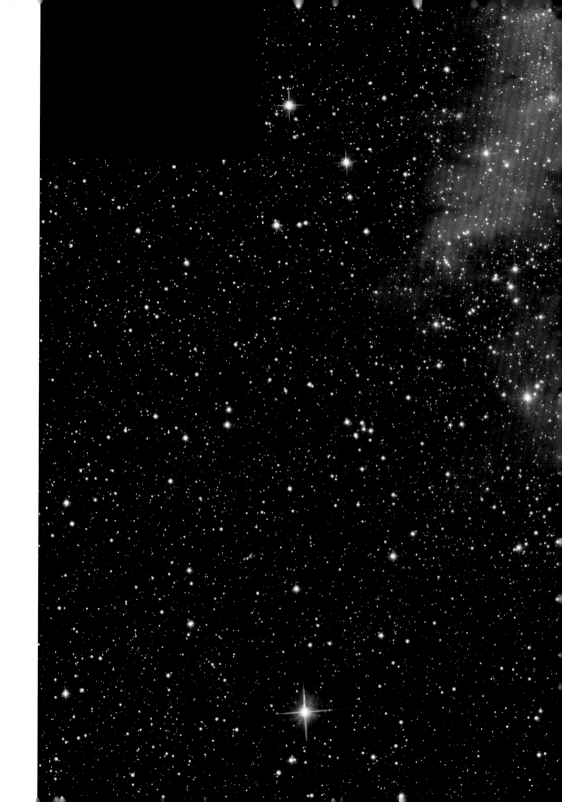

超新星遗迹

这张哈勃太空望远镜在1995年7月4日和2003年10月15日、16日捕捉到的画面展现了小麦哲伦星云中一颗超新星爆炸之后的场景。这片超新星遗迹也被命名为E0102，距离名为N76的恒星形成区50光年。N76就是图片中右上角的粉色和紫色区域，发出的光芒非常美。E0102是位于图片下方中间位置的蓝色束状天体，是在2000年前形成的。

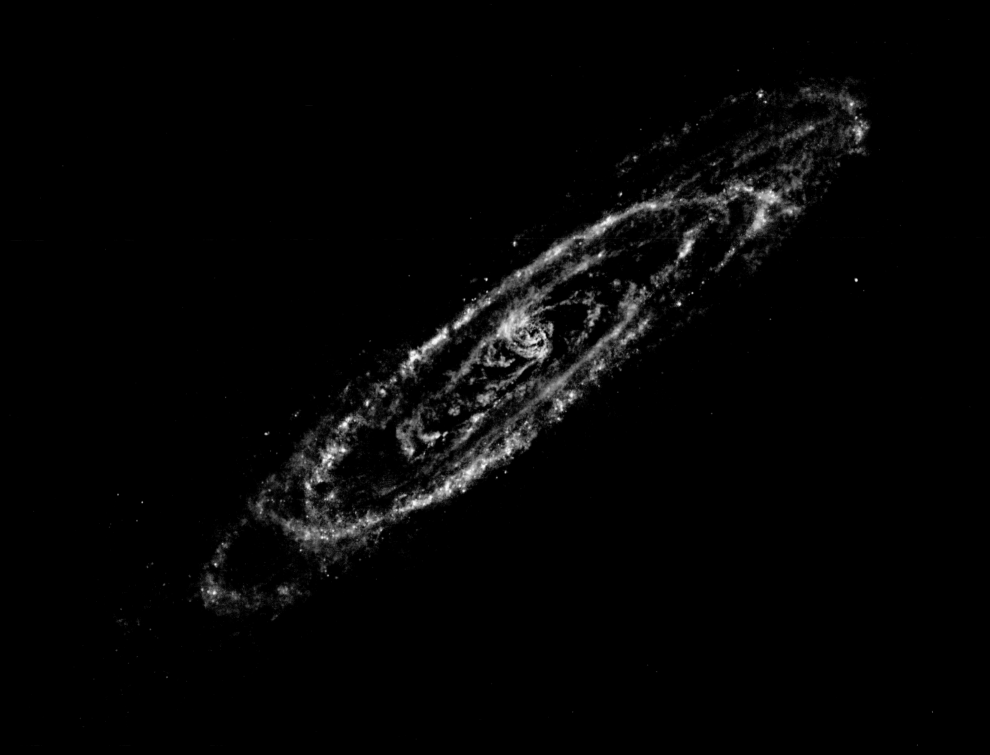

仙女座星系细节图

仙女座星系是银河系的"姐妹"星系。赫歇尔空间天文台在2013年拍摄的这张让人震惊不已的照片详细地展现了仙女座的全貌。仙女座星系距离我们253万光年，是肉眼能看到的最远星系。但是想看它一眼也没那么容易，只有在地球上最黑暗、天空最透澈、没有任何灯光污染的地方，我们才能看到仙女座星系发出的光。这张图片中的黄色和红色表示的是低温尘埃（只比绝对零度高几十度）辐射出的红外线。发出淡淡蓝光的是星系中温度相对较高的恒星形成区。仙女座星云中有十亿颗恒星，虽然银河系中恒星的数量只有仙女座星系的一半，整个星系的质量却比仙女座星系大得多，因为银河中有非常多的暗物质。在几十亿年内，银河系和仙女座星系会发生一次星系碰撞，然后合并成一个更大的星系。

仙女座星系恒星的活跃状态

这张图片是由美国国家航空航天局的星系演化探测器和斯皮策太空望远镜在2006年拍摄的照片合成的。图片凸显了仙女座星系的活跃状态。在仙女座星系的旋臂上，既有高温恒星也有低温恒星。温度相对较高的区域，充斥着活跃的恒星，图片中的蓝点代表的是炙热的恒星，绿点代表的是形成时间比较久远的恒星。图片中的红色区域是星系中温度相对较低的地区，在那里有很多新形成的恒星，恒星外面被星际尘埃层层包裹，为它们的进一步成长提供"营养"。仙女座星系的跨距是260000光年，其中散落着好几个黑洞，星系中心位置的超大质量黑洞塑造了星系的整体形态。

仙女座星系和卫星星系

这张图片是广域红外巡天望远镜在2010年拍摄的。图片中呈现的仙女座星系在天空中整整跨越了5度角。图片中的蓝色代表的是成熟的恒星，黄色和红色区域代表的是被大质量的新生恒星加热的尘埃。在这张图片中，我们还可以看到两个卫星星系：梅西耶32（M32）和梅西耶110（M110）。梅西耶32是位于仙女座星系上方的蓝点，梅西耶110是仙女座漩涡中心下方那个模糊的蓝色椭圆形光斑。除了梅西耶32和梅西耶110，还有很多个受仙女座星系引力吸引的卫星星系。仙女座星系和银河系同属于本星系群，本星系群中总共有超过50个星系，使用广域红外巡天望远镜的最终目的就是要绘制出一张本星系群星图。

造父变星

在这片布满繁星的广阔星域中，位于图片左侧下方的是V1星（哈勃变星一号的简称）。这颗星是埃德温·哈勃在1923年发现的，是质量超大的梅西耶31星团——即仙女座星系的一部分。V1星之所以声名在外，是因为它是一颗造父变星。造父变星是一类亮度呈周期性变化的大质量星体，亮度变化是由星体膨胀或缩小引发的。哈勃发现，造父变星可以用来测距，有了它，我们在地球上就可以知悉天体之间的距离。哈勃通过V1星证明了仙女座星系与银河系是两个分开的星系，这一发现在探索河外星系的道路上具有里程碑的意义。用于合成这张图片的照片是哈勃太空望远镜在2010年12月和2011年1月之间拍摄的。

M33星系

美国国家航空航天局的星系演化探测器依靠自身装备的远紫外光探测设备对河外星系展开研究。星际历史已有上百亿年之久，对大量广阔星系的亮度、规模和距离展开的研究，让我们获取了大量有助于探索宇宙本质的信息。这是一张梅西耶33（M33）星团的合成图片，M33是距我们最近的螺旋星系，只是这最近的"邻居"也远在290万光年之外。斯皮策太空望远镜捕捉到了M33中的尘埃辐射出的中红外线，这些尘埃吞没了新生恒星辐射出的紫外线。在这张图片中，蓝色的年轻恒星辐射出的是远紫外光，绿色的中年恒星辐射出的是近紫外光，黄色的年迈恒星辐射出的是近红外光，红色代表的是尘埃。背景中的蓝色斑点很可能是更遥远的星系。

人马座矮不规则星系

这张人马座矮不规则星系（简称SagDIG）的照片是哈勃太空望远镜在2003年拍摄的，这张清爽的图片中包含了上千颗离散的恒星。照片前景位置边缘的几颗最明亮的星体，其实是银河系中的星体，距我们只有数千光年。SagDIG是图片中心那个相对较小的蓝色星体，距地球350万光年。图片中心位置散落的红色斑点是更遥远的星系，这些星系距SagDIG还有数百万光年之遥。矮不规则星系没有固定的结构，而且非常小，蕴含少量质量稍高于氦的元素。缺少重元素意味着星系形成的时间尚短，因为恒星要经过长时间的转动才能创造并散播重元素。哈勃太空望远镜捕捉到了可以分析出SagDIG化学组成和年龄的信息，原来SagDIG是一个相当年长的星系，尽管如此，它还是相当活跃，还在持续形成新的天体。SagDIG如此之小，也许意味着它是历史更悠久的较大星系的残余碎片。

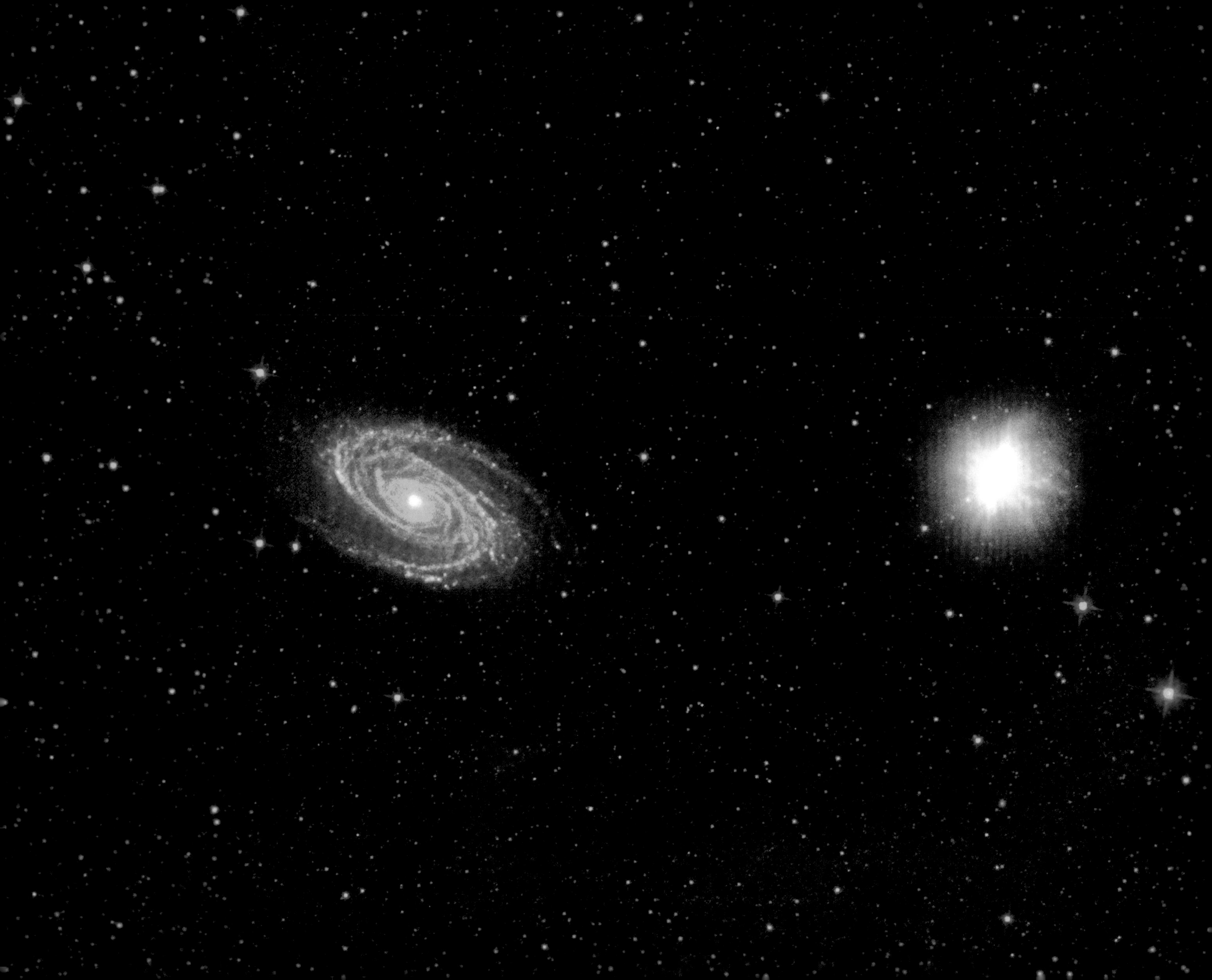

星际交谊舞：梅西耶 81和 82

广域红外巡天望远镜在2011年拍摄到了遥远的梅西耶 81和 82（简称M81和M82）星系，图片中的M81和M82正在广阔的太空中翩翩起舞。这两个星系与我们相距1200万光年，在之后的数百万年内，它们还会相互交缠回转盘旋，最终合并成一个星系。它们的"舞蹈"会收获丰厚的成果——这两个飞速旋转的星系会创造出新的恒星。由于它们造星的效率非常高，所以这两个星系都属于星爆星系。图片中，左侧的是M81。从形态上看，M81的旋臂非常明显，属于"豪华型"螺旋星系。旋臂中受到压迫的气体和尘埃构成了新的恒星，在M82的引力作用下，M81的旋臂越来越明显。M82也是螺旋星系，但是由于形状不是很明显，直到2005年通过红外线观测，才确认了它的螺旋结构。M82也被称为雪茄星系，因为通过可见光观测，它的形状有点像雪茄——M82中新近形成的星体吹出的超级星风，看起来正好像雪茄冒的烟。

梅西耶 83螺旋星系

这张图片是迄今为止我们获得的最精细的星体结构图。图片中星体和尘埃辐射的区域是螺旋星系梅西耶83（M83）星系，也被称为南风车星系。M83距地球150万光年，难以计数的恒星在这里诞生。这张星团近景照片是哈勃太空望远镜在2009年拍摄到的，其中主要的蓝超巨星和红超巨星普遍形成于100万光年到1000万年之前。哈勃太空望远镜的第三代广域照相机可以捕捉的波段非常广，从紫外光到近红外光无一漏网，我们可以借助它的超强探测能力了解恒星演化的各个阶段。年纪最

黑眼睛星系

这张合成图片的原始图片是哈勃太空望远镜的第二代广域和行星照相机在2001年4月和7月拍摄的，图片中的梅西耶64号（M64）天体也被称为睡美人星系或黑眼睛星系。暗淡的尘埃带环绕着耀眼的星系中心，看起来很像眼睛。M64距地球约1400万光年，是两个星系发生撞击之后形成的。M64看起来很像一个风车，按理说应该属于螺旋星系，但是这个星系却有一个显著的特点：螺旋星系的恒星一般都朝一个方向转，但是M64外围的星体和中心区域星体的转动方向正好相反。M64的这种不寻常特性应该是发生在十亿年前的那次碰撞所引发的。

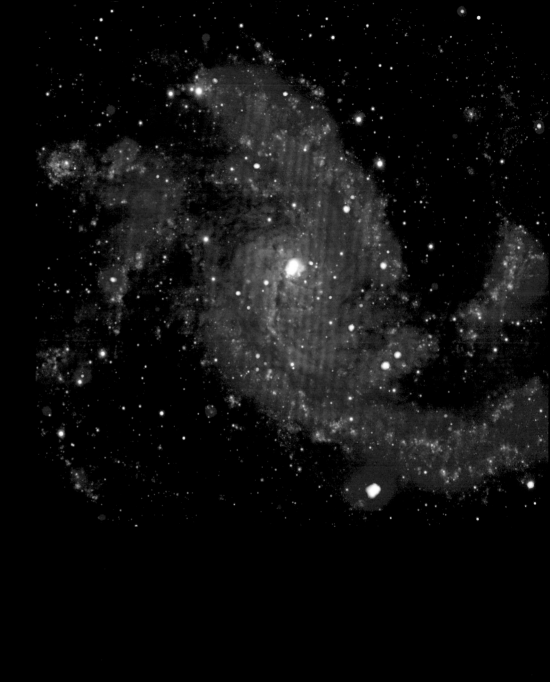

古老的超新星

螺旋星系NGC6946距地球约2200万光年，也被称为烟火星系。这张图片是根据钱德拉X射线天文台在2001年到2004年之间收集到的信息合成的，科学家在这个星系中发现了3个最古老的超新星。在过去的100年间，人们在这个星系中总共发现了8个超新星。在我们的银河系中，每50年就会发生一次超新星爆炸，但是超新星爆炸通常很难被探测到，由于被星际尘埃遮挡了视线，我们无法看到壮观的爆炸场面。钱德拉X射线天文台于1999年发射升空，执行此次运载任务的是哥伦比亚号航天飞机。与同类天文台相比，钱德拉X射线天文台配备的设备最精细、最复杂，使用的反光镜是全世界最平滑、最尖端的。它的这些设备能帮助我们更加深入地了解宇宙中混沌的高能量地区，掌握足够的信息之后，我们就能对星体的特性和星系构成有一个全面的认识了。

[右侧图注]

梅西耶101

这是距离地球2200万光年的梅西耶101（M101），由于看起来特别像一个风车，因此又名风车星系。这个螺旋星系的跨距达到了114000光年，几乎是银河系的两倍。2004年拍摄的这张照片覆盖了22500光年的跨距，涵盖了3000个恒星形成区之中的一个，这里是紫外线活动的温床。这个恒星形成区位于星系明亮的旋臂之上，很可能在不久之前吞没了附近相对较小的星系。图片中昏暗的斑点是年迈恒星的聚集地，这里的温度相对较低，密度相对较大。这些年迈的恒星终有一日会走向终结，它们的消逝也意味着新恒星的诞生。在中间稍稍突起的位置几乎探测不到紫外线，说明这里恒星的数量非常少，甚至没有。哈勃太空望远镜拍摄的照片通常都是黑白的。那些突出了细节（化学组成和亮度），强调了特殊天体和现象的彩色图片都是通过后期加工制作出来的。

[下页图注]

草帽星系

这张梅西耶104（M104）发光核心区的照片是哈勃太空望远镜在2003年拍摄的。M104也被称为草帽星系，因为它的周围环绕着一条宽宽的浓密尘埃带。从地球上看，它中间高还有个宽边的形态，就像一个草帽。草帽星系的质量非常大，相当于8000亿个太阳，位于室女座星系团南部。草帽星系距地球2800万光年，这里有很多球状星团。从M104中辐射出了大量X射线，有人认为是其中一个比太阳大10亿倍的黑洞视界之外发出的。V.M.斯莱弗在1912年的时候曾推断草帽星系正以每秒700英里（1126千米）的速度远离地球，根据这个发现以及之后的其他研究，科学家们才得出宇宙正在不断膨胀的结论。斯皮策太空望远镜最新的发现表明，M104实际上是由两个星系构成的，其中一个是盘状星系，另一个是椭圆星系。

星系碰撞

钱德拉X射线天文台在2013年记录下了一幅惊心动魄的星系运动画面，图片中一个矮星系（其实看不到）与螺旋星系NGC1232发生了碰撞。这两个发生碰撞的星系距地球约6000万光年，撞击形成的庞大气体云团的温度高达上百万度。碰撞产生的冲击波和音爆所产生的激波极为相似。激波使得星系中的气体看起来像一个彗星，从图片的左上角开始，然后是"彗星"的前端，直至星系右侧的浅粉色光斑，这片区域中聚集着在紫色激波中形成的耀眼恒星。在数百年间，这些星体一直在释放X射线。由于是二维图像，所以我们无法判断出气体云团的质量。如果图片中的气体云团是球状的，质量很可能比太阳重300万倍。如果云团是薄片状的，它的质量至少也相当于太阳的4万倍。星系碰撞的过程尚未结束，还会持续4000万年。令人惊奇的是，在星系碰撞之后形成的新星系中，居然完整保留了很多原来星系中的恒星系统。

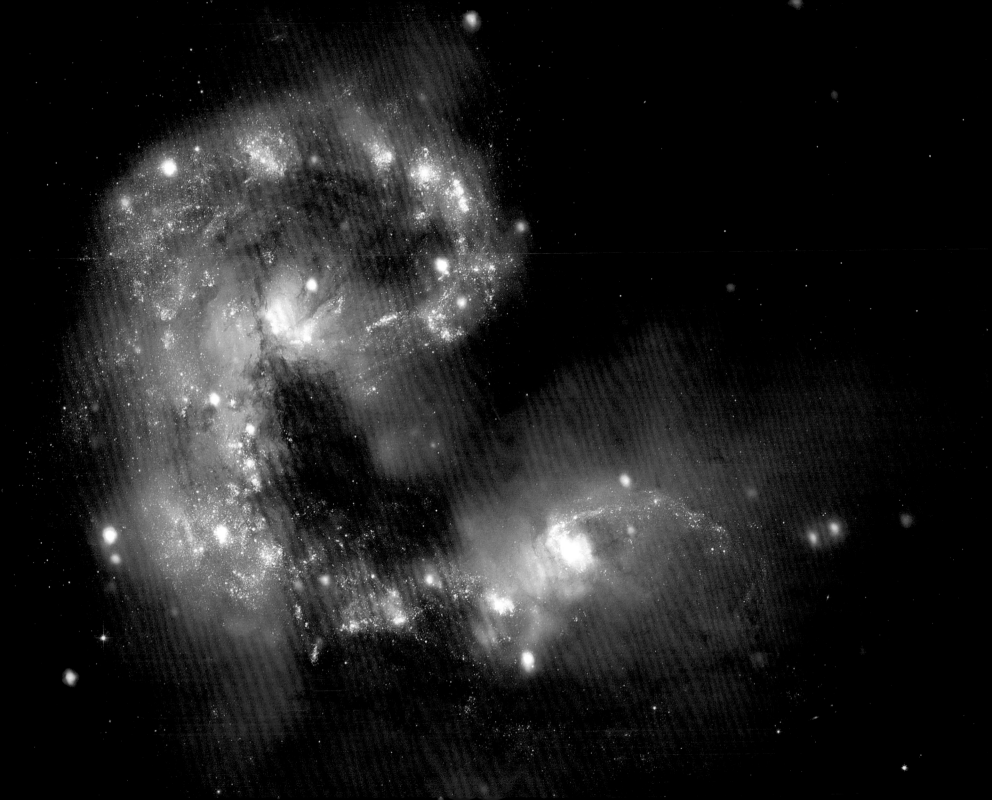

天线星系

这张绚丽多彩的天线星系图片是根据钱德拉X射线天文台在1999年、哈勃太空望远镜在2004年7月和2005年2月以及斯皮策太空望远镜在2003年12月收集到的信息合成的。天线星系距地球约6200万光年，两个星系发生碰撞时释放的能量使得天线星系伸出了天线状的长臂（图片中没有呈现出来）。星系碰撞发生在10000万年前，至今仍未结束。天线星系中的恒星寿命普遍较短，它们在很短的时间内就会走到生命的尽头，化作超新星，喷射出包含氧、铁、镁、硅元素的气体。在大量的残余物中，又会有新的恒星形成。图片中耀眼的光斑是气体接触到黑洞和中子星（恒星爆炸后留下的高密度残余物）时产生的。数十亿颗恒星在被压缩的气体中形成，聚集在一起的恒星就形成了数以万计的星团。科学家在研究这些星团的时候发现，寿命能超过1000万年的恒星只占总数的十分之一，不管能存在多久，最终都逃不过消失的命运。天线星系的碰撞过程，向我们生动地展现了当银河系和仙女座相遇的时候会发生什么。

螺旋星系正面图

位于大熊星座的NGC3982，距离地球约6800万光年，跨距达30000光年，规模相当于银河系的三分之一。NGC3982和银河系一样，也是一个由气体、尘埃和各种星体组成的盘型星系，扁平的盘型中间突起，外围有向外挥洒物质的旋臂。从"风车"到"宽边帽"，星系的形状各具特色，星系的形状是旋臂的旋转速度决定的。这类有旋臂的星系，中心聚集着的都是诞生时间相对较早的星体，恒星形成区主要位于旋臂位置，亮度主要来自氢元素辐射出的光线。科学家认为，这类星系突起的中心位置都有一个巨大的黑洞，只是由于周围的恒星发出的光芒太过耀眼，无法证实黑洞是否真的存在。用于合成这张图片的照片拍摄于2000年至2009年间。

NGC1316：尘埃星系

在NGC1316的星际碎片中，尘埃占据了很大比例。NGC1316位于天炉座星系团，距地球约7500万光年。科学家认为，这个椭圆星系是多个螺旋星系发生碰撞之后产生的。NGC1316是天空中最大的射电辐射源之一，射电辐射很可能是星际物质坠入星系中心的黑洞时发出的。图片上的瘢痕与潮汐尾有关，附近星系的引力导致星系内的恒星外壳被撕裂并被拖入太空，此时就会出现潮汐尾现象。这张照片是哈勃太空望远镜上的先进巡天照相机在2003年拍摄的。

NGC922

螺旋星系NGC922的跨距达7500光年，距地球15000万光年。大约在33000万年前，一个相对较小的星系和这个螺旋星系发生了碰撞，这次碰撞改变NGC922的形状。当时，这个相对较小的星系直接穿过了NGC922的中心，搅动了星系中心的气体云团，给新恒星的形成创造了机会。这张图片是哈勃太空望远镜在2012年拍摄的，图片中的粉色是环绕在星系周围的星云，这说明氢气受新恒星活动的影响，变得异常活跃。钱德拉X射线天文台观测到了NGC922辐射出的X射线，科学家据此推断，这个星系中有一个巨大的黑洞。这个发现实在出乎人的意料，因为NGC922的气体中有大量重元素，而大量重元素的存在通常会阻碍大质量黑洞的形成。

ARP273双星系

远在地球3亿光年之外的ARP273中包含两个星系，这个双星系看起来就像天空中一朵盛开的蔷薇。位于图片右侧的UGC1810是一个巨大的螺旋星系，它的形状受到了左侧的UGC1813引力作用的影响。架在二者之间的气态纽带长达上万光年。由于与较大的星系发生了碰撞，UGC1813中心位置生成恒星的速度非常快。UGC1810的形态之所以有些奇怪，是因为较小星系的潜入使得UGC1810的旋臂发生了扭曲。当一个相对较小的星系穿过一个相对较大的星系时，就会出现这种不对称的情况。较小的星系形成新恒星的速度会变得更快，因为碰撞过程中小星系的中心位置获得了更多可用的气体。这幅画面是哈勃太空望远镜在2010年12月拍到的。

斯蒂芬五重星系

斯蒂芬五重星系距离地球3亿光年，其中包含五个星系。NGC7319(左上角)、NGC7318B和NGC7318A（位于中间交缠在一起的两个）、NGC7317（右下角），也就是图中泛着黄光的四个星系，它们相互"走"得很近，彼此之间的影响也十分明显。它们转着圈盘旋着，彼此之间承受着对方引力的拉扯。这四个星系正以同样的速度远离地球。其中NGC7320，也就是图中那个浅蓝的星系（左下角），与另外四个星系相隔4000万光年。这张图片是哈勃太空望远镜的第三代广域照相机在2009年拍摄到的，照片中的跨距大约是500000光年。

暗物质地图

阿贝尔1689是一个距地球约22亿光年的星系，这张照片是哈勃太空望远镜在2002年拍摄的。图片中间模糊的蓝色代表的就是暗物质，实际上暗物质是无法成像的，用颜色表示是为了方便大家理解。"暗物质地图"主要绘制的是星系中因受暗物质引力场影响而发生扭曲的弧光和光圈。这种现象也被称为引力透镜效应。所谓的引力透镜效应是指，一个天体发出的光受到周围引力场的影响发生弯曲变形的现象。在这种情况下，这个天体在成像过程中会出现扭曲或重影，我们就能借此判断出暗物质的存在。科学家们认为，宇宙是由5%的重子物质（宇宙中可见的物质），25%的暗物质（一种神秘的物质，完全不会和重子物质发生相互作用，但是星系中的星团会受到暗物质引力的影响）和70%的暗能量（一种比引力更强大的力量，普遍认为宇宙扩张的元凶就是暗能量）组成的。

超超新星

这张颇具艺术气息的图片是根据斯皮策太空望远镜拍摄到的一颗超超新星（比超新星爆炸释放的能量更大）制作的。这颗超超新星距地球约30亿光年，几乎被完全掩盖在自身的尘埃之下。科学家们认为，在未发生爆炸之前，原本的恒星质量相当于太阳的50倍。在这颗恒星死亡之后，喷射出了大量气体和尘埃，由此组成的云团辐射出了红外光，并遮挡了爆炸产生的光芒。这颗超超新星的外层结构首次被观测到是在2007年，到了2008年消失了。研究小组对这个现象展开了研究，他们认为，在10年之内，这颗超超新星还会再次发光，当爆炸产生的弓形激波穿透外层的尘云传到地球时，我们会再次观测到它的活动。

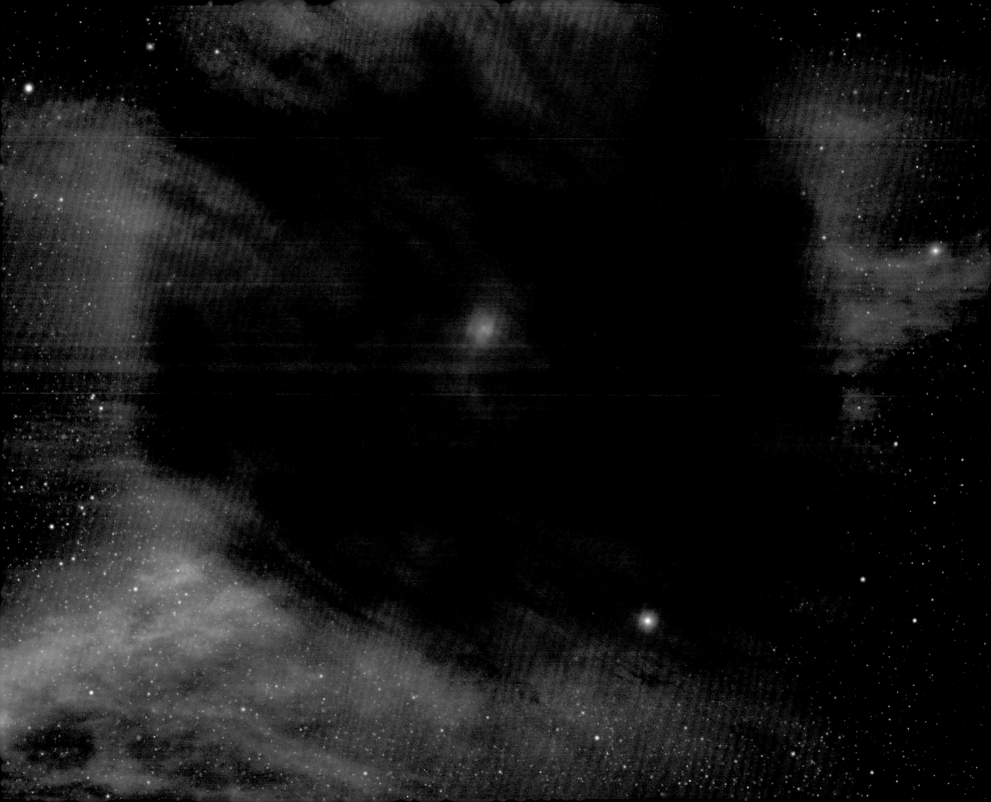

暗物质环

CL0024+I7星团距地球约40亿光年，更遥远的星系发出的光受到这个星团引力的作用发生了弯曲。这张图片是哈勃太空望远镜的先进巡天照相机在2004年拍摄的，其中飘缈的蓝色环形雾代表的是暗物质（多亏了引力透镜效应，我们才能直观地看到暗物质的存在），这里有两个星系团。研究暗物质能帮助我们进一步认识比暗物质还要难以捉摸的暗能量。我们对暗物质的构成情况一无所知，有些科学家认为，以人类目前掌握的物理学知识，根本无法解释这些不寻常粒子的本质。

潘多拉星系团

这张潘多拉星团的合成图片是根据哈勃太空望远镜、欧洲南方天文台的甚大望远镜、日本的昴星团望远镜和钱德拉X射线天文台在2009年收集到的数据合成的。这张图片色彩艳丽的前景向我们展现了潘多拉星团的全貌，让我们深入其中发现了潘多拉的起源。这个大星团是由四个小星团发生碰撞后形成的，这次规模宏大的星系碰撞发生在距地球40亿光年之外的遥远太空中，整个过程持续了3.5亿年。这四个星系的总质量还不到潘多拉星系团的5%，剩余的大部分都是由暗物质（图片中的蓝色）和炙热气体（图片中的红色）组成的，当星系碰撞发生之后，所有的物质都搅在了一起。暗物质不受碰撞的影响，但是有些地方的热气云团在冲击中被吹散了。

四个星系团

这张图片展现的是超大质量星系团MACS J0717的容貌，图片是根据哈勃太空望远镜和钱德拉X射线天文台收集到的数据合成的。图片呈现的是四个独立的星系在距地球54亿光年之外的地方发生正面碰撞的场面。从几何学的角度来看，这次的碰撞是人类已知的星系碰撞中最复杂的一次。通常来讲，一个单独的星团由50到1000个星系组成。在碰撞中，这些星系以及其中的气体和暗物质，在涌入已经被物质占据的区域时，只能填入缝隙中，因此通常会变成长条状。暗物质的强大引力让星系保持聚拢并维持它们持续高速运动，这些星系就像走在高速公路一样，一直向下流动。这张图片的轮廓是哈勃拍摄到的，钱德拉X射线天文台捕捉到的是高温气体释放的辐射，图片中的不同颜色代表着不同的温度：紫红色代表的温度最低，蓝色代表的温度最高，紫色居中。

机构缩写对照

ACS = Advanced Camera for Surveys 先进巡天望远镜

AURA = Association of Universities for Research in Astronomy 美国大学天文研究联盟

ASTER = Advanced Spaceborne Thermal Emission and ReflectionRadiometer 高级星载热辐射热反射探测仪

CfA =Harvard-Smithsonian Center for Astrophysics 哈佛 - 史密松森天体物理中心

CNRS /INSU=French National Centre for Scientific Research/Institute for Earth Sciences and Astronomy 法国科研中心 / 地球科学和天文学研究所

CXC = Chandra X-ray Center 钱德拉 X 射线研究中心

DOD = Department of Defense 国防部

ERSDOC = Earth Remote Sensing Data Analysis Center 地球遥感数据分析中心

ESA = European Space Agency 欧洲航天局

ESO = European Southern Observatory 欧洲南方天文台

GRC = Glenn Research Center 格伦研究中心

GSFC = Goddard Space Flight Center 戈达德航天中心

HEIC = Hubble European Space Agency Information Centre 哈勃欧洲航天局信息中心

INAF= National Institute for Astrophysics, Italy 意大利国家天体物理学研究所

IPHAS = int Photometric H-Alpha Survey H-α 线巡天研究组织

JAROS = Japanese Resource Observation System Organization 日本资源勘探组织

JPL-Caltech = Jet Propulsion Laboratory/California Institute of Technology 加州理工学院喷气推进实验室

JSC = Johnson Space Center 约翰逊空间中心

METI = Ministry of Economy, Trade, and Industry, Japan 日本经济产业省

MSSL = Mullard Space Science Laboratory, UK 英国太空科学实验室

NASA = National Aeronautics and Space Administration 美国国家航空航天局

NOAA= National Oceanic and Atmospheric Administration 美国海洋暨大气总署

SDO = Solar Dynamics Observatory 太阳动力学天文台

STScI = Space Telescope Science Institute 太空望远镜科学研究所

UKATC / STFC = United Kingdom Astronomy Technology Centre/Science and Technology Facilities Council 英国天文科技中心 / 科技设施委员会

USGS = U.S. Geological Survey 美国地质勘探局

VLT= Very Large Telescope (European Southern Observatory) 甚大望远镜（欧洲天文台）

图片来源 IMAGE CREDITS

Page 62: X-ray: NASA, Chandra X-ray Observatory, Pennsylvania State University, K. Getman, E. Feigelson, M. Kuhn, and the MYStIX team; Infrared: NASA, JPL-Caltech

Page 63: NASA, ESA, the Hubble Herritage Team (STScI/AURA)

Page 64: NASA, JPL-Caltech

Page 65: NASA, JPL-Caltech

Page 66: NASA, H. Ford (JHU), G. Illingworth (UCSC/LO), M. Clampin (STScI), G. Hartig (STScI), the ACS Science Team, ESA

Page 67: NASA, JPL-Caltech, CfA

Page 68: NASA, ESA, HEIC, and the Hubble Heritage Team (STScI/AURA)

Page 69: NASA, JPL-Caltech/UCLA

Page 70: NASA, JPL-Caltech, UCLA

Page 71: NASA, JPL-Caltech

Page 72: NASA, JPL-Caltech

Page 73: NASA, ESA, the Hubble Heritage Team (STScI/AURA), IPHAS

Pages 74–75: ESA, PACS, SPIRE, Martin Hennemann and Frederique Motte (Laboratoire AIM Paris-Saclay, CEA/Irfu—CNRS/INSU—University of Paris, Diderot, France)

Page 76: NASA, H. Richer (University of British Columbia)

Page 77: NASA, JPL-Caltech, UCLA

Pages 78–79: NASA, JPL-Caltech, University of Wisconsin

Page 80: NASA, JPL-Caltech, Harvard-Smithsonian

Page 81: NASA, ESA, JPL-Caltech, Arizona State University

Page 82: ESA, Herschel, PACS, MESS Key Programme Supernova Remnant Team, NASA, ESA, Allison Loll/Jeff Hester (Arizona State University)

Page 83: NASA, ESA, CXC, JPL-Caltech, J. Hester and A. Loll (Arizona State University), R. Gehrz (University of Minnesota), STScI

Page 84: NASA, ESA, the Hubble Heritage Team (STScI/AURA)

Page 86: NASA, ESA, M. Livio and the Hubble 20th Anniversary Team (STScI)

Page 87: NASA, ESA, J. Maíz Apellániz (Instituto de Astrofísica de Andalucía, Spain)

Page 88: X-ray: NASA, CXC, CfA, S. Wolk; Infrared: NASA, JPL, CfA, S. Wolk

Page 89: NASA, the Hubble Heritage Team (STScI/AURA)

Pages 90: NASA, JPL-Caltech, UCLA

Page 92: NASA, ESA, the Hubble Heritage Team (STScI/AURA)

Page 93: NASA, JPL-Caltech, University of Wisconsin

Page 94: NASA, Ron Gilliland (STScI)

Page 95: NASA, ESA, the Hubble Heritage Team (STScI/AURA)

Pages 96: NASA, the Hubble Heritage Team (STScI/AURA)

Page 97: NASA, ESA, and H. Bond (STScI)

Page 99: NASA, JPL-Caltech, UCLA

Pages 100: NASA, ESA, the Hubble Heritage Team (STScI/AURA)

Pages 102–103: NASA, JPL-Caltech, UCLA

Page 105: NASA, JPL-Caltech

Page 106–107: NASA, ESA, SSC, CXC, STScI

Page 108–109: NASA, JPL-Caltech, University of Potsdam

Page 111: X-ray: NASA, CXC, PSU, L. Townsley et al.; Optical: NASA, STScI; Infrared: NASA, JPL, PSU, L. Townsley et al.

Page 112: NASA, N. Walborn and J. Maíz-Apellániz (STScI), R. Barbá (La Plata Observatory, La Plata, Argentina)

Page 113: NASA, ESA, F. Paresce (INAF-IASF, Bologna, Italy), R O'Connell (University of Virginia, Charlottesville), the Wide Field Camera 3 Science Oversight Committee

Pages 114–115: NASA, ESA, D. Lennon and E. Sabbi (ESA/STScI), J. Anderson, S. E. de Mink, R. van der Marel, T. Sohn, and N. Walborn (STScI), N. Bastian

(Excellence Cluster, Munich), L. Bedin (INAF, Padua), E. Bressert (ESO), P. Crowther (University of Sheffield), A. de Koter (University of Amsterdam), C. Evans (UKATC/STFC, Edinburgh), A. Herrero (IAC, Tenerife), N. Langer (AifA, Bonn), I. Platais (JHU), H. Sana (University of Amsterdam)

Page 116: NASA, ESA, D. Lennon and E. Sabbi (ESA/STScI), J. Anderson, S. E. de Mink, R. van der Marel, T. Sohn, and N. Walborn (STScI), N. Bastian (Excellence Cluster, Munich), L. Bedin (INAF, Padua), E. Bressert (ESO), P. Crowther (University of Sheffield), A. de Koter (University of Amsterdam), C. Evans (UKATC/STFC, Edinburgh), A. Herrero (IAC, Tenerife), N. Langer (AifA, Bonn), I. Platais (JHU), H. Sana (University of Amsterdam)

Page 117: ESA, NASA, JPL-Caltech, STScI

Page 118: NASA, ESA, CXC, the University of Potsdam, JPL-Caltech, STScI

Pages 120–121: NASA, ESA, A. Nota (STScI/ESA)

Page 123: NASA, ESA, the Hubble Heritage Team (STScI/AURA)

Page 124: ESA, Herschel, PACS & SPIRE Consortium, O. Krause, HSC, H. Linz

Pages 126–127: NASA, JPL-Caltech

Pages 128–129: NASA, JPL-Caltech, UCLA

Pages 130–131: NASA, ESA, the Hubble Heritage Team (STScI/AURA)

Pages 132–133: NASA, JPL-Caltech

Pages 134–135: NASA, ESA, the Hubble Heritage Team (STScI/AURA)

Page 136–137: NASA, JPL-Caltech, UCLA

Page 139: NASA, ESA, the Hubble Heritage Team (STScI/AURA)

Page 140: NASA, The Hubble Heritage Team (AURA/STScI)

Page 141: X-ray: NASA, CXC, MSSL, R. Soria et al; Optical: AURA, Gemini OBs

Page 143: NASA, ESA, the Hubble Heritage Team (STScI/AURA)

Pages 144–145: NASA, the Hubble Heritage Team (STScI/AURA)

Page 147: X-ray: NASA, CXC, Huntingdon Institute for X-ray Astronomy, G. Garmire; Optical: ESO, VLT

Page 148: NASA, JPL-Caltech, Harvard-Smithsonian CfA

Page 151: NASA, ESA, the Hubble Heritage Team (STScI/AURA)

Page 152: NASA, ESA, the Hubble Heritage Team (STScI/AURA)

Page 155: NASA, ESA

Page 157: NASA, ESA, the Hubble Heritage Team (STScI/AURA)

Page 158: NASA, ESA, the Hubble SM4 ERO Team

Page 161: NASA, ESA, E. Julio (JPL-Caltech), P. Natarajan (Yale University)

Pages 162–163: NASA, JPL-Caltech

Page 164: NASA, ESA, M. J. Jee and H. Ford (Johns Hopkins University)

Pages 166–167: NASA, ESA, J. Merten (Institute for Theoretical Astrophysics, Heidelberg/Astronomical Observatory of Bologna), D. Coe (STScI)

Page 169: NASA, ESA, CXC; C. Ma, H. Ebeling, and E. Barrett et al (University of Hawaii/IfA); STScI

Endsheets: Image 1: ESA/ROSETTA/NAVCAM. Image 2: © ESA/ROSETTA/MPS/UPD/LAM/IAA/SSO/INTA/UPM/DASP/IDA. Image 3: © ESA/ROSETTA/MPS FOR OSIRIS TEAM MPS/UPD/LAM/IAA/SSO/INTA/UPM/DASP/IDA. Image 4: ESA/ROSETTA/NAVCAM.

参考书目

威廉·E. 巴罗斯《苍穹之旅：美国国家航空航天局记录的见证者和太空时代》纽约：发现图书，2000.

约翰·格里宾和玛丽·格里宾《星尘：超新星和生命 - 宇宙万物的关系》纽黑文：耶鲁大学出版社，2000.

哈勃太空望远镜．"关于哈勃".http://www.spacetelescope.org/about 喷气推进实验室，加州理工学院．
太空飞行基础 http://www2.jpl.nasa.gov/basics/index.php.

加来道雄和珍妮佛·特雷纳·汤普森《超越爱因斯坦：探索宇宙真理》.纽约：锚图书，1995.

美国国家航空航天局大质量年轻恒星形成过程的红外线和 X 射线综合研究发展史办公室．http://history.nasa.gov.

国家航空航天博物馆，航天历史分馆"美国国家航空航天局纵览".《航空航天杂志》2008 年 11 月刊．
http://www.airspacemag.com/photos/top-nasa-photos-of-all-time-9777715/?no-ist

卡尔·萨根《宇宙》纽约，巴兰坦图书，2013.

网络资源

Chandra X-Ray Observatory, http://www.chandra.harvard.edu.

European Space Agency, http://www.esa.int.

Herschel Space Observatory, http://www.herschel.caltech.edu.

Hubble Space Telescope, http://www.hubblesite.org.

Jet Propulsion Laboratory, http://www.jpl.nasa.gov.

Milky Way Project, http://www.milkywayproject.org.

Spitzer Space Telescope, http://www.spitzer.caltech.edu.

Zooniverse, http://www.zooniverse.org.

土星的"宽帽檐"

2013年7月19日，美国国家航空航天局的卡西尼探测器拍摄到了清晰的土星照片，这张图片是由4个小时之内拍摄的323张照片合成的。卡西尼探测器还拍到了土星的卫星、土星光环和地球。在这张图片中，地球只是背景中一个被太阳照亮的斑点，很难辨认。

繁茂的浮游植物

这张色彩绚丽的图片，是由人造卫星"陆地卫星8号"上安装的陆地成像仪，于2012年9月在白令海峡接近阿拉斯加普里比洛夫群岛的位置拍摄到的。图片中亮蓝色和绿色交织在一起的区域，生长着一大片浮游植物，这片浮游植物为鱼儿和鸟类提供了一处肥沃的栖息地。浮游植物的生长很容易受到外界环境的影响，对生态系统中温度、营养物质、矿物质和捕食者的变化表现得非常敏感。当春季来临，白令海峡的冰层融化，营养物质浮上水面的时候，浮游植物就会大范围生长。当夏季来临，水温变热，以浮游植物为食的鱼类开始活跃，浮游植物就开始慢慢消失。

67P彗星/楚留莫夫－格拉希门克彗星

这张67P彗星/楚留莫夫－格拉希门克彗星（Churyumov – Gerasimenko）的图片是罗塞塔飞船拍摄的。由欧洲航天局设计，搭载了美国国家航空航天局设备的罗塞塔飞船，是第一艘进入彗星轨道并在彗星表面着陆的飞船。罗塞塔飞船于2004年发射升空，历经十年的飞行，穿越了太阳系，终于在2014年抵达彗星轨道。在两年的近距离接触中，飞船会对67P彗星/楚留莫夫－格拉希门克彗星的核心进行勘探，并研究太阳对彗星的影响。

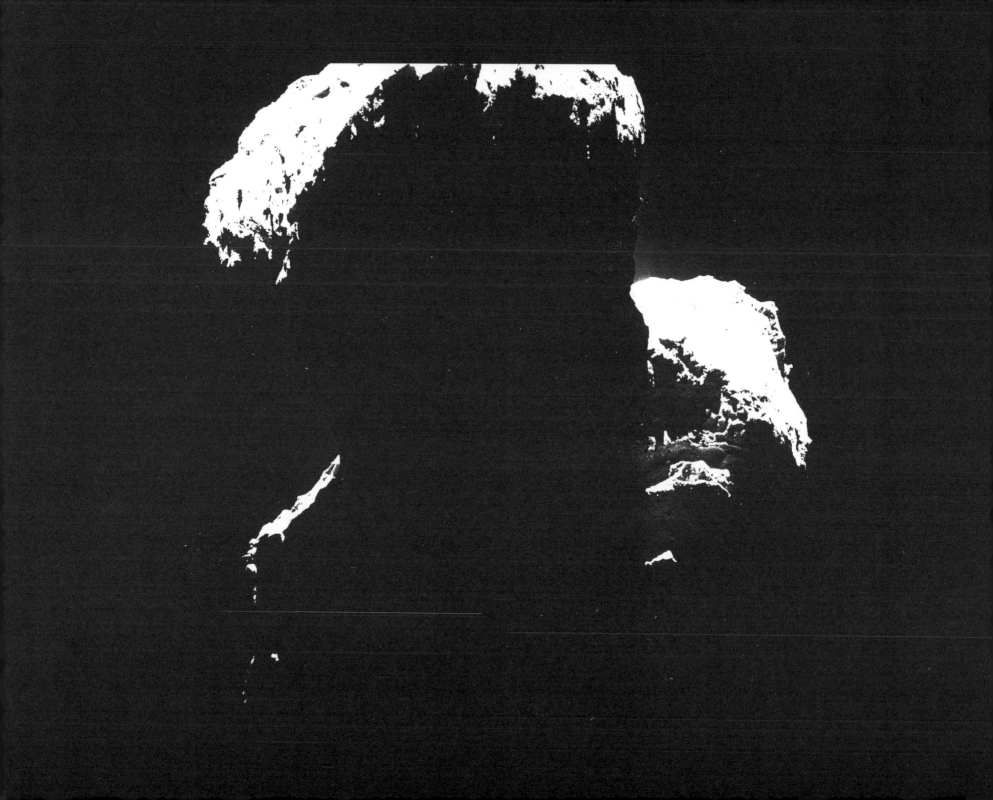